WILLIAN CRUZ
(PROF. LUKINHA)

EXPERIMENTOS MENTAIS

UMA NOVA METODOLOGIA PARA O ENSINO DE MATEMÁTICA

EDITORA CIÊNCIA MODERNA

Experimentos Mentais: uma Nova Metodologia para o Ensino de Matemática

Editor: Paulo André P. Marques
Produção Editorial: Dilene Sandes Pessanha
Capa: Daniel Jara
Diagramação: Carlos Arthur Candal
Copidesque: Equipe Ciência Moderna

FICHA CATALOGRÁFICA

CRUZ, Willian José da.

Experimentos Mentais: uma Nova Metodologia para o Ensino de Matemática

Rio de Janeiro: Editora Ciência Moderna Ltda., 2022.

1. Matemática

I — Título

ISBN: 978-65-5842-189-4 CDD 510

Editora Ciência Moderna Ltda.
R. Alice Figueiredo, 46 – Riachuelo
Rio de Janeiro, RJ – Brasil CEP: 20.950-150
Tel: (21) 2201-6662/ Fax: (21) 2201-6896
E-MAIL: LCM@LCM.COM.BR
WWW.LCM.COM.BR **07/22**

AGRADECIMENTOS

Primeiramente agradeço a Deus, por estar comigo em todos os momentos de minha caminhada, sempre atendendo aos meus anseios e proporcionando temperança nas situações adversas.

A minha esposa, pelo entendimento dos momentos que tive que ficar longe, mesmo perto, para concentrar neste trabalho. Aos meus filhos, pelo amor, incentivo e confiança. Aos meus pais, por tudo que fizeram para que eu pudesse chegar aqui nesse momento e apresentar esta obra.

À professora Lúcia Cristina Silveira Monteiro, pela parceria e amizade, dando a este livro um toque de conhecimento e organização.

Aos meus orientandos e alunos, que acompanharam o nascimento e o desenvolvimento desta obra acreditando no meu trabalho e nas perspectivas que assumo quanto educador matemático.

Aos meus amigos, que me apoiam e me incentivam, mesmo que por um longo período não pude dar-lhes a devida atenção.

APRESENTAÇÃO

Estamos passando por um momento de transformação no ensino básico, mais especificamente no ensino médio, com a introdução da nova Base Nacional Comum Curricular (BNCC) e o Novo Ensino Médio. Com base no Artigo 36 da Lei de Diretrizes e Bases da Educação que prevê: "O currículo do ensino médio será composto pela Base Nacional Comum Curricular e por itinerários formativos, que deverão ser organizados por meio da oferta de diferentes arranjos curriculares, conforme a relevância para o contexto local e a possibilidade dos sistemas de ensino, a saber: I - linguagens e suas tecnologias; II - matemática e suas tecnologias; III - ciências da natureza e suas tecnologias; IV - ciências humanas e sociais aplicadas; V - formação técnica e profissional", as mudanças na forma de oferta do Ensino Médio trarão novos desafios para escolas e docentes. A questão mais relevante neste momento seria: Como pensar e formatar os itinerários formativos? Sabemos que vários setores da educação estão envolvidos nesta discussão e estão construindo seus ambientes escolares para o atendimento a esta nova realidade proposta pela lei 13.415/2017.

Com este olhar para uma nova forma de se entender o conhecimento Matemático e suas relações com outras ciências e a própria ciência em si, é que estamos apresentando este livro, que tem como foco principal o desenvolvimento de Experimentos Mentais como Metodologia de Ensino, na busca de explicações de certos conceitos, conteúdos e/ou problemas no campo da Matemática e da Educação Matemática. Com o olhar semiótico, os significados de certos termos e ações desenvolvidos no ensino dessa disciplina podem ser elucidados, firmando a coerência no entendimento de certos processos nesta área do saber.

É uma oportunidade de se pensar em alguns temas para serem desenvolvidos na complementaridade proposta por este movimento entre a BNCC e o Novo Ensino Médio, aliando o ensino propedêutico tradicional da Matemática ao desenvolvimento de ideias novas produzidas no campo da Educação Matemática. É um livro para o professor que queira ter mais uma opção para pensar em novas formas de desenvolver conhecimentos acerca do conteúdo que ele se propõe a ensinar. Parte deste trabalho foi desenvolvida no minicurso "O uso dos experimentos mentais como uma possível metodologia de ensino para matemática.", proferido na 73ª reunião da Sociedade Brasileira para o Progresso da Ciência (SBPC).

O autor

PREFÁCIO

A presente obra envolve alguns desafios. Inicialmente o de visualizar experimentos mentais, que têm origem na intuição, como metodologia para a matemática, pois este se constitui um grande desafio diante da hegemonia formalista em que ainda estamos imersos. Outro desafio é encontrar uma relação entre fenômenos didáticos observáveis no ensino de matemática, utilizando diagramas que possam conduzir a experimentos mentais e a fenomenologia de Charles Peirce. Um terceiro desafio é encontrar uma relação entre a utilização de diagramas para provocar experimentos mentais com a metodologia científica de Peirce, esta que traz em sua base, o estudo sobre os raciocínios abdutivo, indutivo e dedutivo na origem da construção do conhecimento.

De modo geral, esta obra revela a continuidade do percurso do autor em sua trajetória acadêmica, que busca sistematizar suas ideias divulgadas em diferentes períodos de sua formação e atuação como professor de matemática, em diferentes níveis de ensino, em diferentes ocasiões com vistas a contribuir para a didática da matemática em uma articulação entre teoria e prática.

Acredito particularmente que essa obra se torna especial pelos temas apresentados, pois, abrem janelas para estabelecer um diálogo necessário para a continuidade das pesquisas por metodologias para a didática da matemática com base nas complementaridades entre os raciocínios, sentido e referência, intensão e extensão, intuição e conceito etc., apresentando ideias com valor prospectivo e de aplicação prática, de interesse de educadores matemáticos e pesquisadores deste campo do conhecimento.

Finalizo agradecendo o convite para escrever esse prefácio e me incluo na proposta para manutenção do diálogo sobre as janelas abertas que os temas aqui apresentados solicitam.

Lúcia Cristina Silveira Monteiro[1]

---

[1] Professora da Universidade Federal de Alagoas, desde 2001, onde ministra aulas nas Licenciaturas em Matemática e Pedagogia. Coordenadora do Grupo de Pesquisa Didática da Matemática e Semiótica.

INTRODUÇÃO

O que é Matemática? Para nós, a Matemática é um tipo de atividade semiótica, pois ela consiste na construção de diagramas (algébrico ou geométrico) e pelas observações das relações encontradas nesta construção e não somente pela análise dos significados dos conceitos matemáticos. Mas qual é o real interesse na adoção da Matemática como uma atividade semiótica? Estamos interessados nos significados das relações gerados na própria atividade.

Para explicar, tomamos como exemplo a soma $\frac{1}{3}+\frac{1}{4}$. O nosso interesse nesta soma está na forma de como vamos construí-la, para, a partir daí, entendermos o seu significado em um dado contexto. Esta construção só é possível no contexto e nas ações desenvolvidas na atividade. Esse é o processo semiótico que chamamos de raciocínio diagramático. Toda experiência desenvolvida neste diagrama e até a sua construção são tipos de Experimentos Mentais. Para efetuar tais experimentos, toda atividade (incluindo a matemática) tem que ter motivo (isto quer dizer objeto), ação simplesmente não tem motivo próprio, mas é motivada pelo motivo geral da atividade que se apresenta como sistema.

A abordagem construtiva da matemática nos traz a perspectiva da teoria, da atividade e da complementaridade. Otte[2] escreve que o objeto da atividade é o seu motivo. Atividade e motivo são termos que estão necessariamente ligados. As próprias atividades humanas são condicionadas pelas ações que elas realizam sobre determinados objetos considerados. Ação é um processo orientado por um objetivo consciente, isto quer dizer que os termos meta e ação têm que andar juntos, assim como os conceitos de atividade e motivação, intensão e extensão, sentido e referência.

Kant[3], por exemplo, apresenta duas perspectivas ambíguas em sua concepção sobre Matemática, mas de certa forma complementares. Por um lado, ele descreve que o método da matemática fornece a introspecção (observação e descrição do conteúdo da própria mente) no caráter de provas matemáticas como conexões do tipo "se então", isto é, se o postulado das

---

[2] Otte, M. F., Mendonça, T. M., Gonzaga, L., & de Barros, L. (2015). *Generalizing is necessary or even unavoidable.* PNA, 9(3), 143-164.

[3] Kant, I. (2013). *Crítica à razão pura.* Tradução e notas Fernando Costa Mattos 3ªed. Petrópolis, RJ: Vozes; Bragança Paulista SP: Editora Universitária São Francisco.

paralelas de Euclides for válido, então podemos enunciar: se uma reta paralela, ao lado oposto de um triângulo, existe então a soma dos ângulos internos desse triângulo é 180°.

Por outro lado, Kant pensa que a matemática trata de objetos derivados de acordo com as regras pelas quais eles têm de ser construídos. Isto é, objetos que nós mesmos construímos na intuição. Se olharmos para a Geometria, por exemplo, vamos perceber que o significado dos conceitos de triângulo ou reta no geral é apenas levado em consideração quando há a possibilidade de construí-los. Kant afirma que "não podemos pensar linha alguma sem desenhá-la no pensamento; não podemos pensar círculo algum sem delineá-lo; não podemos de modo algum representar as três dimensões do espaço sem colocar três linhas perpendiculares entre si sobre um mesmo ponto"[4]. Sem imaginar uma atividade, não é possível fazer matemática. "A matemática depende de pensamento intuitivo porque é uma atividade objetiva, isto é, uma atividade sobre objetos e não mero cálculo"[5].

"A aprendizagem, o desenvolvimento e a instrução requerem não apenas provas que provam, mas também provas que possibilitem a introspecção"[6]. Em consequência, a cognição como metáfora da percepção se torna relevante.

Os conceitos não se aplicam diretamente às coisas, mas em certas representações delas, afirma Kant. Utilizamos ícones para determinar as propriedades de um determinado objeto. Kant escreve "tomem então a proposição de que com duas linhas retas não se pode delimitar nenhum espaço e que, portanto, nenhuma figura seria possível, e tentem deduzi-la do conceito de linha reta e do número dois"[7]. "As propriedades dos objetos matemáticos como retas, são propriedades relacionais, expressas em nossos exemplos pela afirmação de que dois pontos determinam exatamente uma reta"[8]. E essa afirmação consequentemente deve ser construída na intuição. Esta reta infinita é um símbolo ou um signo concebido nos limites de um contexto. "Esta reta infinita pode apenas ser indicada como parte de um

---

[4] Ibid, (B154)

[5] Otte, M. F. (2003). *Análise de prova e o desenvolvimento do pensamento geométrico. São* Paulo: Educação Matemática Pesquisa: Revista do Programa de Estudos Pós-Graduados em Educação Matemática, n.1, pp. 13 – 55.

[6] Ibid (p. 24)

[7] Kant (2013, B65)

[8] (Otte, 2003, p.29)

sistema teórico ao qual ela pertence"[9]. Esses símbolos são índices de referências e não atributos. São partes de um sistema ou de uma estrutura. Estruturas representam intensões dos termos matemáticos, mas não sustentam quais seriam as provas sobre fatos estruturais estabelecidas por meio de argumentos formais ou sintáticos.

As verdades matemáticas são estabelecidas por meio de provas, mas provas matemáticas são, de acordo com a tradição Kantiana, tipos de Experimentos Mentais. Peirce escreve que a matemática é "a ciência que tira conclusões necessárias"[10] e complementarmente ele disserta que a matemática é a ciência do "que é verdadeiro para estudo do estado de coisas hipotéticas"[11].

Quer dizer, a matemática faz inferências dedutivas sobre mundos possíveis e não sobre fatos empíricos, apesar de ter aplicabilidade prática no cotidiano físico ou nas ciências naturais como na Física, Química, Engenharia, dentre outras. Matemática é essencialmente icônica, construindo seu próprio objeto no pensamento.

É o processo abdutivo que dispara a construção das possibilidades. Abdução não é simplesmente uma coisa psicológica como criatividade. Abdução implica generalização. Generalização implica introdução de objetos ideais novos. Agora no xadrez ou na maior parte da álgebra não tem abdução, pois trata de ser um jogo sintático (a álgebra pura tem intensão, sentido, mas não tem referência, extensão).

Mas tem exceções na álgebra: Você sabe que a equação $x^2 + 1 = 0$ não tem solução no campo dos números reais, pois cada solução tem de ser um divisor da unidade, ou seja, +1 e -1; para resolver esse problema temos de introduzir mais divisores de unidade, e foi isso que pessoas como Gauss e Argand fizeram quando criaram o plano complexo. "A obra de Argand é particularmente interessante, pois ele usava um Experimento Mental quando se lembrava de como a gente chegou dos números naturais aos números negativos"[12].

---

[9] Ibid.

[10] Peirce, C. S. (11931 - 1958). CP = *Collected Papers of Charles Sanders Peirce, Volumes I-VI, ed. by Charles Hartshorne and Paul Weiß*, Cambridge, Mass. (Harvard UP) 1931-1935, Volumes VII-VIII, ed. by Arthur W. Burks, Cambridge, Mass. (Harvard UP) 1958 (quoted by no. of volume and paragraph) .NEM = New Elements of Mathematics. Harvard U.P.

[11] Ibid. (v.4. §233).

12 Cruz, W. J. (2018). Experimentos Mentais na Educação Matemática: uma analogia

Abdução existe só quando tem continuidade nos fenômenos a serem observados e percebidos. Como os matemáticos Frege, Dedekind e outros acreditam que os números são produtos da mente humana, não tem abdução na aritmética. Toda ideia nova e toda criatividade nesta área da matemática pura é uma questão de psicologia, mas o raciocínio diagramático não é um assunto psicológico. Abdução implica generalização na matemática e exige uma teoria de experimentação e de análise e, por isso, de Experimentos Mentais.

Este livro tem a intenção de apresentar os Experimentos Mentais como uma metodologia alternativa para o ensino da Matemática. Uma metodologia sob a concepção histórico-dialética da educação, com base na epistemologia. Para descrever e apresentar esta metodologia, dividimos este livro em quatro capítulos.

No primeiro capítulo, expomos a semiótica de Peirce como nosso aporte teórico, sustentando a Matemática como uma atividade de construção e experimentação em diagramas. O conhecimento simbólico nos ajuda entender que conhecer é representar e uma representação é a característica de uma coisa que pode ser colocada no lugar de outra para certos efeitos mentais. Na matemática usamos representações de objetos para entendermos certas propriedades e relações sobre esses objetos.

Temas importantes são abordados no primeiro capítulo, como a tríade do raciocínio (dedução, indução e abdução), com enfoque especial ao processo dedutivo e a síntese abdutiva. Também apresenta as seis formas de abdução, que são nomeadas como *(a) identificando abdução, (b) mudança de forma, (c) abdução reificação analógica, (d) abdução teórica analógica, (e) abdução reificação criativa, (f) abdução teoria da criação*. Desenvolvemos o conceito de raciocínio diagramático que só é possível se estivermos considerando um sistema de representação coerente, isto é, um contexto bem definido.

No segundo capítulo, apresentamos os Experimentos Mentais no campo da Educação Matemática e as condicionantes que os qualificam como uma metodologia alternativa para o ensino de Matemática. Abrimos uma discussão sobre o que é ensinar e os possíveis movimentos que o professor faz na ação de atingir seus objetivos, pois assumimos que ensinar é uma atividade dirigida para uma meta. Identificamos que as características dos Experimentos Mentais são as condicionantes que permitem a organização didático-pedagógica de problemas e/ou atividades no contexto dessa ciência

com provas matemáticas formais. Curitiba: Editora Aprris.

na educação básica. Para o entendimento dessas características, utilizamos o problema de Papert.

No terceiro capítulo, constituímos uma quantidade de exemplos na forma de problemas e/ou atividades que podem ser desenvolvidos por meio de experimentações mentais. Iniciamos esse capítulo com uma revisão, apresentando dois mapas mentais de grande importância para sintetizar a conceituação e as características de tais experimentos.

Os temas escolhidos foram: a área do círculo, raízes quadradas, o quadrilátero de Saccheri, o cálculo de segmentos, equações da reta, áreas de polígonos, a regra de Binet, a soma dos ângulos externos de um triângulo, uma sequência numérica, os números reais e a desigualdade triangular, números complexos, multiplicação de números inteiros e um problema interessante nomeado como o problema de Sam.

Por fim, o quarto capítulo, que são considerações acerca de duas questões que buscam entender o porquê estudar semiótica e a epistemologia. A intenção é proporcionar reflexões sobre a importância dos Experimentos Mentais na busca de explicações para certos conceitos da matemática.

Esperamos que por meio desses exemplos, possa desencadear o interesse em aplicar os Experimentos Mentais noutros problemas e/ou atividades, sempre com o intuito de oferecer ao professor, a oportunidade de ter mais um material que possa reforçar o seu fazer didático-pedagógico, complementar suas metodologias com mais uma outra, trazendo um elemento importante de discussão sobre certos conceitos da matemática.

SUMÁRIO

Capítulo 1
A MATEMÁTICA COMO ATIVIDADE SEMIÓTICA

1.1 A semiótica de Peirce

A realidade do conhecimento é um processo semiótico e neste processo o próprio sujeito está envolvido. Cruz conceitua a semiótica como a “ciência que estuda os signos e como eles se referem aos seus objetos e a outros signos”[1]. Signo é tudo “aquilo que, sob certo aspecto ou modo, representa algo para alguém”[2]. Uma foto, uma palavra, uma biblioteca, uma quadra, um desenho, uma pintura, uma mancha, um grito, são exemplos de signos. (ver a figura 1)

Figura 1: Exemplos de signos3

Por exemplo, a palavra palmo é um signo que pode significar para alguns a distância que vai do dedo polegar ao mínimo, como na figura 2. Ou pode

---

[1] Cruz, 2018, p. 26.

[2] Peirce, C. S. (CP). (2010). *Semiótica*. Trad. Jose Teixeira Coelho Neto. 4ª ed. São Paulo: Perspectiva.

[3] Construção de imagens coletadas pelo próprio autor.

significar uma unidade de medida inglesa que equivale aproximadamente a 22 cm ou a 9 polegadas.

Figura 2: O palmo[4]

A palavra pé pode significar a parte distal do membro inferior contendo 26 ossos, como na figura 3, ou pode significar uma unidade de medida equivalente a 12 polegadas.

Figura 3: O pé[5]

Signo é uma ideia que vem sendo discutida ao longo da história da filosofia no ocidente. Em Platão (-428 - -347), a ideia de teoria de signo era desenvolvida junto, em muitos aspectos, com a teoria da linguagem. No diálogo *Crátilo*, por exemplo, Platão discute "o papel daquilo que chamamos de signo linguístico e que ele chama de nome"[6]. Aristóteles (-384 - -322) em sua *Interpretatione* afirma que "os sons da voz são símbolos das afeições da

4 Imagem produzida pelo próprio autor.

5 Para saber mais sobre a imagem, acessar **www.desvendandosonhos.com**

6 D'Amore, B. (2015). Primeiros elementos da semiótica: sua presença e sua importância no processo de ensino-aprendizagem da matemática. São Paulo: Editora Livraria da Física.

alma (eventos mentais, conceitos), enquanto os signos escritos (as palavras escritas) são símbolos de sons da voz"[7]. Os *Estoicos* (-IV - -III sec.) ligam a teoria de signos à concepção de *logos* que quer dizer razão. Para esta corrente filosófica, o "princípio que governa, organiza e move todo o universo"[8], incluindo pensamento humano, são efeitos da razão ou causas precedentes. O foco está nas expressões linguísticas por meio da relação entre a linguagem, o pensamento e a realidade e, no signo como proposição, por artifício de uma "análise lógica das proposições"[9]. A escola *Epicuro de Samos* (-341 - -270) que defende uma epistemologia com fundamentos na sensação, considera o raciocínio por meio de signos fundamental, pois permite dar o tratamento a "todos aqueles objetos que não podem ser imediatamente conhecidos através da sensação"[10]. Esses objetos são os que aguardam confirmação e os considerados obscuros. Os signos, acessíveis aos sentidos, permitem conhecer algo oculto, isto é, algo que não é possível de ser percebido pelas sensações. Euclides (-325 - -265 ca.) na obra *Os Elementos* utiliza o termo "*semeion (*signo*)* para designar o ente fundamental por excelência da geometria: o que chamamos ponto"[11]. A prática matemática identificada nos elementos está diretamente associada ao uso de diagramas que representam e sintetizam o verdadeiro objeto do discurso.

Na era medieval encontramos muitos escritores tratando sobre o tema semiótica, dos quais destacamos Tomás de Aquino (1225 – 1274) o qual concebia signo como "aquilo que tem a capacidade de levar do conhecido (algo manifesto ou sensível) ao conhecimento de algo oculto (uma realidade espiritual)"[12]. Destaca-se as emissões vocais ou não vocais e os conceitos ou afeições da alma. As imagens das coisas são os conceitos e por meio dos signos, os significados das coisas se manifestam. Mas "o primeiro a transformar esta ideia no núcleo de uma complexa filosofia"[13] foi Peirce.

---

7 Ibid, p.33.

8 Ibid, p.37.

9 Ibid. p.38.

10 Ibid. p. 40.

11 Ibid. p. 41.

12 Ibid. p. 48.

13 Fabbrichesi, R. (2013). O pensamento icônico e diagramático na obra de Peirce. In: A lógica de diagramas de Charles Sanders Peirce: implicações em ciência cognitiva lógica e semiótica. Org: Queiroz, J., Moraes, L. Juiz de Fora: Editora da UFJF.

A perspectiva semiótica que adotamos em nosso trabalho, tem como base a semiótica de Charles Sanders Peirce (1839 – 1914). Filho de Benjamin Charles Sanders Peirce professor de matemática e cientista em Harvard, iniciou, em 1855, seus estudos em Harvard. Realizou estudos em filosofia com especial enfoque em Kant. Foi membro da academia de Artes e Ciências e fundador da *School of Pragmatismo.* Peirce é considerado o fundador da semiótica moderna. A teoria de Peirce "fundamenta-se na ideia de que a cognição, o pensamento e até mesmo os seres humanos possuem uma natureza essencialmente semiótica"[14].

Peirce desenvolveu uma teoria de sinais quase ao mesmo tempo em que Saussure. Ele chamou sua teoria de *Semeiotics.* Para Peirce, o signo é uma relação de representação, na qual o sinal tem a função de mediar a relação entre os objetos e o interpretante. Este processo se constitui na forma de uma tríade a qual representamos na figura 4.

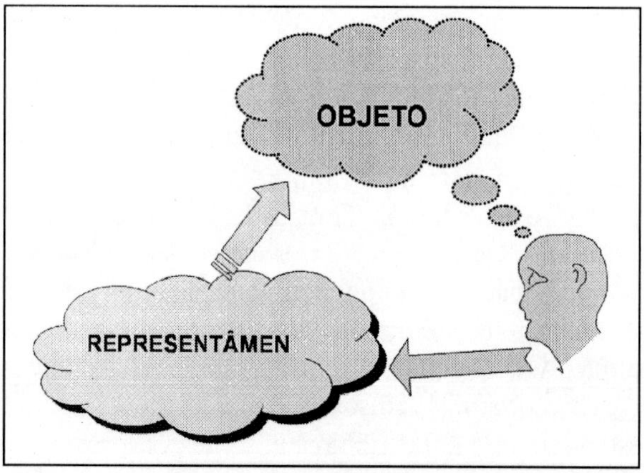

Figura 4:O processo semiótico[15]

Peirce oferece uma tríade e distingue entre os sinais: O *representâmen*, O *objeto* e o *interpretante*.

O *representâmen* é o sinal, a parte material do signo. É o que se percebe, ou seja, a parte tangível do signo.

---

14 D'Amore, 2015, p. 59.

15 Cruz, 2018, p. 33.

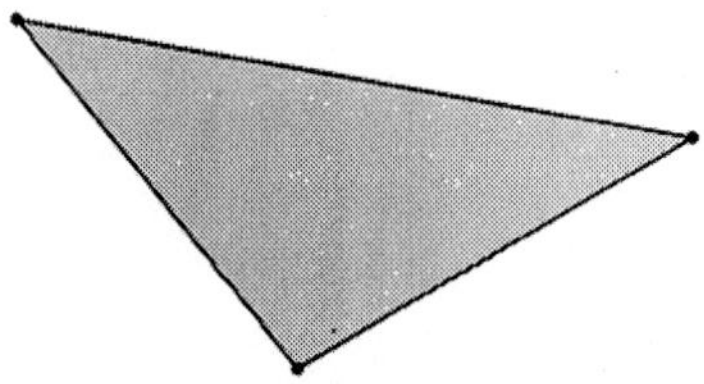

Figura 5: Representâmen do triângulo[16]

O *objeto* é aquilo que o signo representa, isto é, algo remetido pelo *representâmen*. Este objeto pode ser:

- **Imediato** que é o objeto tal como o signo o representa. Busca alguma qualidade, isto é, o objeto está no signo. Um exemplo é quando olhamos para figura 5 e identificamos que o objeto representado é o triângulo.

- **Dinâmico** que é a realidade de alguma forma. O objeto é um existente, uma designação. Exemplo, a existência do Triângulo geral. Há um existente triângulo e os seus possíveis tipos, como isósceles, escaleno, equilátero, retângulo, obtusângulo e acutângulo, são os seus efeitos.

Por fim, o *interpretante* que é um efeito interpretativo que o signo causa em uma Quase-mente. Este interpretante pode ser:

- **Imediato** tal como é revelado na compreensão adequada do próprio signo pelo intérprete. É uma potencialidade semântica.

- **Dinâmico** que é efeito concreto que o signo realmente determina sobre o intérprete.

- **Final** que é a maneira pela qual o signo tende a representar-se como estando relacionado ao seu objeto, ou seja, é o resultado interpretativo.

Exemplo: o efeito interpretativo quando olhamos para a figura 6 pode ser **Imediato**, interpretando que temos a união de três arcos; **Dinâmico**, entendendo que esse encontro de arcos forma uma espécie de triângulo ou **Final**, quando relacionamos o desenho a um triângulo na geometria esférica.

---

[16] Imagem produzida pelo próprio autor.

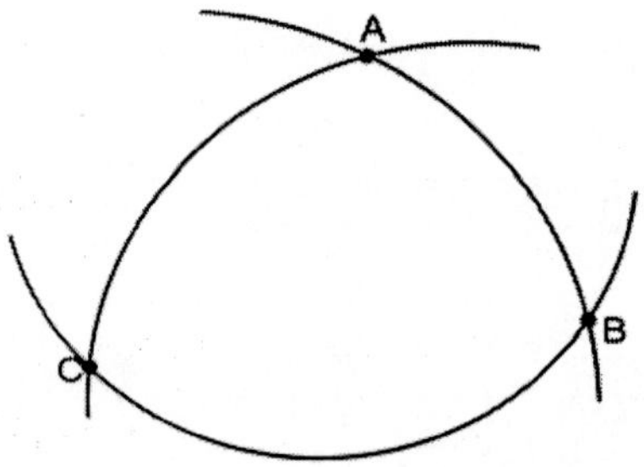

Figura 6: Triângulo esférico[17]

Uma Quase-mente é um refinamento teórico de Peirce que visa descrever não o sujeito que pensa, mas o lugar de ação da interpretação. O girassol é um exemplo de uma Quase-mente interpretando um quase-signo. Este girassol se torna um signo – *representâmen* do sol. Santaella disserta que:

> Ação inteligente é ação movida para um alvo. Onde houver tendência para aprender, para crescer e se desenvolver, haverá inteligência. Peirce descreveu esse movimento sob o nome de semiose para explicitar as noções de mente, pensamento, continuidade, vida e crescimento. Assim definido, o conceito da mente amplia-se consideravelmente não se restringindo ao reino humano, mas abraçando também qualquer forma de vida e, até mesmo, processos pré-biológicos. Nessa medida, o modo como o signo age funciona à maneira de um processo lógico geral que nos permite analisar desde as formas mais rudimentares de quase-mente até os sistemas integralmente inteligentes. As contribuições de uma tal noção de semiose ou mente para a biologia, inteligência artificial e cognição parecem evidentes[18].

Monteiro argumenta que "um signo tanto é uma coisa como também um processo de estabelecer uma relação entre o objeto e a interpretação dada ao objeto"[19]. Essa mesma autora complementa afirmando que "dessa forma,

---

[17] Imagem produzida pelo próprio autor.

[18] Santaella, L. (2019). *A concepção ampliada da mente segundo C. S. Peirce.* São Paulo: Cognitivo, , v. 20, n. 2, p. 392-403.

[19] Monteiro, L. C. S. (2021). *Complementaridade na circularidade das representações: uma abordagem semiótica para a criatividade em matemática.* In: Educação Matemática e pesquisa (livro eletrônico): perspectivas e tendências: vol. 2. Guarujá, SP: Científica digital.

temos um fluxo de significação, ou seja, uma interpretação que sugere uma nova interpretação, num fluxo sem fim"[20].

Signos na perspectiva de Peirce "são meios de pensamento, de compreensão, de raciocínio, de aprendizagem"[21]. Nas palavras de Cassirer[22], a inércia natural do homem é superada pelo pensamento simbólico que lhe confere uma nova capacidade de reformular constantemente o seu universo humano.

1.2 O conhecimento é simbólico

Otte argumenta que "conhecer é construir uma representação"[23]. Uma representação é "a característica de uma coisa em virtude da qual, para a produção de um certo efeito mental, pode ser colocada no lugar de outra coisa"[24]. A cognição depende de signos, pois sem um símbolo, não podemos transformar algo em cognição. Generalizando, "a unidade do pensamento é apenas a unidade de simbolização"[25].

Cruz argumenta que:

> O signo é conscientemente reconhecido pelo sujeito cognoscente e, para isto, o sujeito tem de criar outros signos e interpretações do primeiro signo. Portanto, significado tem dois componentes: *objetos*, chamados de componentes extensionais e *interpretantes* dos signos chamados de componentes intensionais, ou componentes de coerência. Em consequência, podemos considerar que nunca existe um significado definitivo das coisas[26].

Segundo Santaella[27] "o que define signo, objeto e interpretante, portanto, é a posição lógica que cada um desses três elementos ocupa no processo

---

[20] Ibid, p. 694.

[21] D'Amore, 2015, p. 59.

[22] Cassirer, E. (1994). *Ensaio sobre o homem: introdução a uma filosofia da cultura humana.* 4ª ed. Trad. Tomás Rosa Bueno. São Paulo: Martins Fontes.

[23] Otte, M. F. (2012). *A realidade das Ideias: Uma perspectiva epistemológica para a Educação Matemática*. Cuiabá: EDUFMT.

[24] Cruz, 2018, p.31.

[25] Otte, 2012, p.14.

[26] Cruz, W. J. (2021b). ¿Qué es √ (-1)? *UNIÓN - Revista Iberoamericana de Educación Matemática, 17*(62). Recuperado a partir de https://union.fespm.es/index.php/UNION/article/view/261

[27] Santaella, L. (2005). *Semiótica aplicada.* São Paulo: Pioneira Thomson Learning.

representativo". Entendemos que todo raciocínio é uma interpretação de signos de algum tipo. Interpretar um signo, significa construir um novo signo. Este ato interpretativo é chamado de semiose. Semiose para Peirce[28] é uma ação que envolve a cooperação de três assuntos, como um sinal, seu objeto e sua influência interpretante.

Segundo Cassirer, "o conhecimento humano é por sua própria natureza um conhecimento simbólico"[29]. É imprescindível a distinção entre o real e o possível, entre coisas ideais e reais, e isto só é possível por meio de um pensamento simbólico. O próprio Galileu ao considerar na sua ciência dinâmica que um corpo se move sem influência de qualquer força externa, exaltou a diferença entre o real e o possível, pois tal corpo nunca foi observado e jamais poderia ser. Esse corpo não existia na realidade, era apenas algo possível.

O conceito de número na Matemática, que é um tema central do pensamento matemático, mostra a distinção entre o real e o possível. Os números negativos, irracionais e imaginários, por exemplo, geraram desconfianças nos matemáticos e lógicos. "Até os maiores matemáticos olharam com desconfiança a ideia de números imaginários como um mistério insolúvel"[30].

Cassirer escreve que

> os conceitos matemáticos fundamentais revelaram-se repletos de armadilhas e obscuridades. Essas obscuridades não poderiam ser removidas até que o caráter geral dos conceitos matemáticos fosse claramente reconhecido – até que fosse reconhecido que a matemática não é uma teoria de coisas, e sim uma teoria de símbolos[31].

Passamos, no tópico seguinte, ao estudo de três signos importantes na consideração da Matemática como uma atividade semiótica, a saber: ícones, índices e símbolos.

1.3 Uma tríade importante para Matemática

Uma tríade importante para Matemática envolve três tipos de signos, a saber: ÍCONES, ÍNDICES E SÍMBOLOS:

---

[28] Peirce, 1958, 5.484.

[29] Cassirer, 1994, p. 96.

[30] Ibid, p. 101.

[31] Ibid, p. 101.

a) ÍCONE - Ícone é considerado a parte mais importante desta divisão triádica do signo. Este signo conecta o pensamento à coisa, pois relaciona o signo com seu objeto. Traz alguma similaridade com o objeto. Também é um signo que possuiria o caráter que o torna significante mesmo que seu objeto não existisse. Tal como um risco feito a lápis que pode representar ou não uma linha geométrica conforme a figura 7. "A característica chave de um ícone é que ele ajuda a produzir novas hipóteses e ideias"[32]

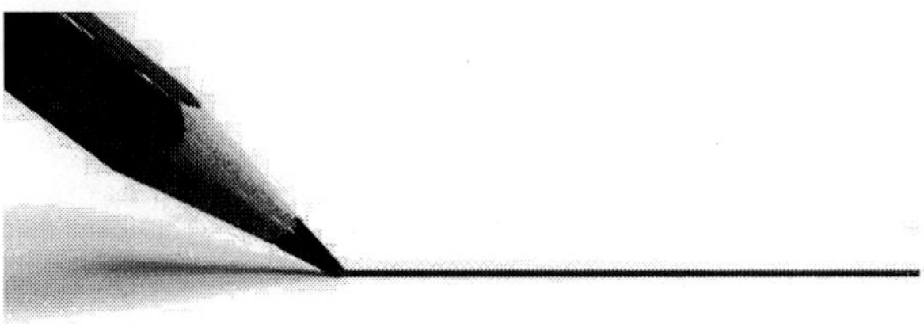

Figura 7: O risco a lápis[33]

b) ÍNDICE - Índice é um signo que de repente perderia o caráter que o torna um signo se seu objeto fosse removido, mas que não perderia esse caráter se não houvesse interpretante.

Um exemplo, um molde com um buraco de bala como um signo de tiro, pois sem o tiro não haveria buraco; porém no molde existe um buraco, quer tenha alguém ou não a capacidade de atribuí-lo a um tiro.

Os índices são absolutamente indispensáveis na Matemática. As letras, por exemplo, A, B, C que estão ligadas a figuras geométricas são índices. Particularmente, a figura 8 representa índices que utilizamos com muita frequência em aulas de matemática, mais especificamente nos estudos de elementos geométricos.

---

[32] Otte, M., Barros, L. G. X. *A=B uma visão Peirceana*. In: A lógica de diagramas de Charles Sanders Peirce: implicações em ciência cognitiva lógica e semiótica. Org: Queiroz, J., Moraes, L. Juiz de Fora: Editora da UFJF.

[33] Imagem obtida no site www.saojudastadeu.org.br.

ΔABC

Figura 8: Triângulo de vértices A, B e C[34]

Mas o que distingue o índice de outros signos? Primeiro, ele não tem nenhuma semelhança significante com seus objetos; segundo, refere-se a individuais, unidades singulares, coleções singulares de unidades ou a contínuos singulares; terceiro, dirigem a atenção para seus objetos por meio de uma compulsão cega. O índice ΔABC, não tem similitude significativa com qualquer triângulo. Na verdade, quem representa o triângulo dessa forma, direciona tal signo para o objeto em questão. Como os índices não fornecem qualquer informação sobre a coisa indicada, os ícones se tornam necessários.

c) SÍMBOLO - Símbolo é um signo que perderia o caráter que o torna um signo se não houvesse interpretante. É qualquer elocução do discurso que significa aquilo que significa apenas por força de compreender-se que possui essa significação. Um símbolo, uma vez existindo, espalha-se entre as pessoas.

Palavras como *força, lei, riqueza, casamento, triângulo,* trazem a nós significados. Qualquer palavra comum é exemplo de símbolo, pois permite que ao ouvir ou ler uma palavra, sejamos capazes de imaginar essas coisas e a elas associar a palavra. Não precisamos ver o triângulo para associar a palavra triângulo a este objeto. O símbolo não indica coisa particular qualquer; ele denota uma espécie de coisa geral. A palavra triângulo existe na mente dos que a usam. Mesmo que estejamos dormindo, ela existe na memória. (outro exemplo, a palavra Mamãe). Todas as palavras, frases, livros e outros signos convencionais são símbolos.

A frase $x + 2 = 5$ é um símbolo, isto é, convenciona-se que há uma espécie de equilíbrio, por exemplo, uma balança de dois pratos, tal que de um lado tenho um peso desconhecido somado a outro peso conhecido 2, equivalendo a um peso conhecido 5.

[34] Imagem produzida pelo próprio autor.

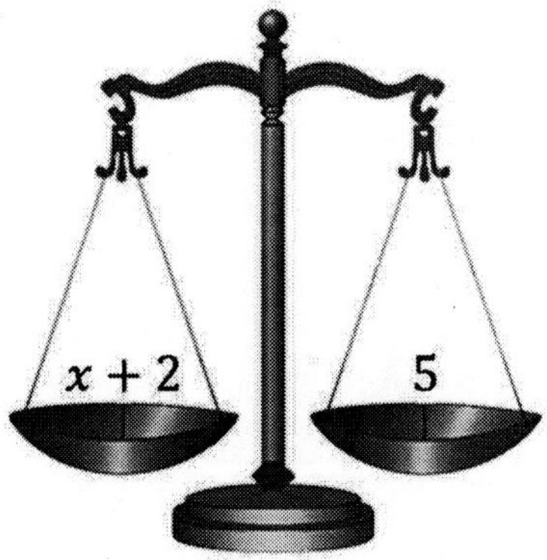

Figura 9: Equação é balança?[35]

O símbolo é um "*representâmen*, cujo caráter representativo consiste precisamente em ser uma regra ou lei que determinará seu interpretante"[36], consistindo em alguma coisa que será experimentada sob certas condições.

Peirce escreve que é impossível encontrar uma proposta tão simples a ponto de não ter referência a pelo menos dois sinais. "Veja-se, por exemplo, "chove". Aqui o ícone é a composição da imagem mental de todos os dias de chuva que o pensador viveu. O índice é tudo o que distingue esse dia, tal como é colocado na sua experiência. O símbolo é o ato mental pelo qual ele carimba esse dia como chuvoso"[37].

Quando olhamos para a equação $x + 2 = 5$, podemos ver um ícone, isto é, uma imagem mental de algo equilibrado ou de um problema; o índice aponta que é uma balança de dois pratos, como na figura 9, uma balança em equilíbrio da qual precisamos conhecer o valor de um dos pesos. O símbolo representa o ato mental da relação entre os dois lados dessa igualdade para a tomada de ações necessárias à manutenção do equilíbrio ou não.

Ícones, índices e símbolos são necessários pela consistência, significação e o desenvolvimento do raciocínio diagramático. A fase central do processo de raciocínio diagramático é a dedução e em todo processo dedutivo sempre há abdução. No próximo tópico, vamos discutir com mais detalhes os

[35] Ibid.

[36] Otte; Barros, 2013, p. 204.

[37] Peirce, 1931 – 1958, 2.438.

conceitos e dedução, abdução e indução, com destaque para a dedução e a abdução.

1.4 A tríade do raciocínio – Dedução, indução e abdução

Peirce afirma que um "argumento é um signo que representa distintamente o interpretante, denominado de sua conclusão, que deve ser determinado por ele" [38]. Em outras palavras, argumento é um signo cujo interpretante representa o seu objeto. Um signo ulterior composto por premissas e uma conclusão.

Peirce[39] disserta que em um argumento, as premissas formam uma representação da conclusão porque indicam o interpretante do argumento ou a representação utilizada para significar o seu objeto. As premissas podem permitir uma semelhança, um índice ou um símbolo da conclusão. "Um argumento faz um apelo à razão do intérprete"[40], valendo-se de uma lei, declarada ou não, relativa às premissas.

Peirce[41] escreve que "o argumento deve ser um símbolo, ou um signo cujo objeto é uma Lei ou Tipo Geral". Nesta lei, a passagem das premissas para a conclusão tende a ser verdadeira. "Manifestamente então seu objeto deve ser geral"[42], o que condiciona o argumento a se apresentar de fato como um símbolo.

Um exemplo de argumento: Se ΔABC é um triângulo retângulo, h sua hipotenusa e b e c seus catetos, então $h^2=b^2+c^2$. Neste exemplo identificamos a premissa: O triângulo ABC é retângulo, h sua hipotenusa, b e c seus catetos e a conclusão $h^2=b^2+c^2$.

Há três tipos de argumentos apresentados por Peirce, a saber: a Dedução, a Indução e a Abdução.

A Dedução é um modo de raciocínio que tem a função de examinar o estado de coisas colocadas nas premissas de um argumento, elaborando um diagrama desse estado de coisas e percebendo nas partes desse diagrama,

---

[38] Peirce, C. S. (CP). (2010). *Semiótica.* Trad. Jose Teixeira Coelho Neto. 4ª ed. São Paulo: Perspectiva.

[39] Peirce, 1931 – 1958, 2.438.

[40] Short, T. L. (2007). *Peirce's Theory of Signs.* Published in the United States of America by Cambridge University Press, New York

[41] Peirce, 2010, p. 57.

[42] Ibid.

relações não explicitadas inicialmente nas premissas. Toda dedução "é a fase central do processo de raciocínio diagramático, motivando a construção de diagramas"[43].

Nas palavras de Peirce, "dedução é um argumento cujo interpretante o representa como pertencendo a uma classe geral de argumentos possíveis exatamente análogos, tais que, a longo prazo, a maior parte daqueles argumentos cujas premissas são verdadeiras, terão conclusões verdadeiras"[44].

Há deduções *necessárias* ou *prováveis*. As *necessárias* são as deduções cujo interpretante afirma por elas (ou elas mesmo afirmam) que se as premissas são verdadeiras, a conclusão, invariavelmente, tem que ser verdadeira. Deduções necessárias são métodos de produção de símbolos discentes[45], por meio de estudos em um diagrama.

Destacamos dois tipos de deduções necessárias: as deduções *Ilativas* e as deduções *Teoremáticas*. *Ilativa* é a dedução que representa as condições da conclusão em um diagrama e retira da observação desse diagrama, da forma como ele se apresenta, a verdade da conclusão. *Teoremática* é a dedução que representa as condições da conclusão, por meio da elaboração de engenhosos experimentos com o diagrama, a ponto de modificá-lo. Observando o diagrama modificado, afirma a verdade da conclusão.

As *prováveis* são deduções em que os interpretantes não representam sua conclusão como certa. Neste processo, desenvolvem-se raciocínios que podem conduzir premissas verdadeiras a conclusão verdadeira no decorrer da experiência.

A Indução é uma verificação experimental de uma teoria, justificando-se por ter suas conclusões passíveis de erros, mas, mesmo assim, a aplicação ulterior do mesmo método deve corrigir o erro.

A Abdução é a introdução de uma ideia nova não contida nos dados do problema, da atividade ou da prova, permitindo dá as conexões que esses mesmos dados não teriam fornecido. Para exemplificar, vamos analisar o argumento dedutivo sobre o Teorema de Pitágoras.

---

[43] Stjernfelt, F. (2013). *Diagramas: Foco para uma epistemologia peirceana.* In: A lógica de diagramas de Charles Sanders Peirce: implicações em ciência cognitiva lógica e semiótica. Org: Queiroz, J., Moraes, L. Juiz de Fora: Editora da UFJF.

[44] Peirce, 2010, p. 59.

[45] Símbolos discentes são signos ligados ao seu objeto por meio de uma associação de ideias gerais.

Argumento: Se ΔABC é um triângulo retângulo, h sua hipotenusa e b e c seus catetos, então $h^2=b^2+c^2$.

Resolução

Começamos por construir um diagrama (figura 10) com os dados da premissa. Vamos desenvolver uma dedução teoremática para aferir a verdade da conclusão.

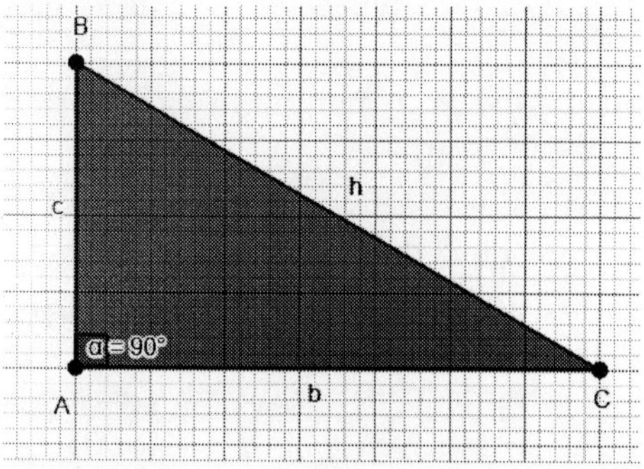

Figura 10: Triângulo Retângulo[46]

Aplicamos a abdução, pois percebemos que há relações que não estavam explicitadas nas premissas do argumento que vai nos ajudar, na experimentação do diagrama, a chegar à verdade da conclusão.

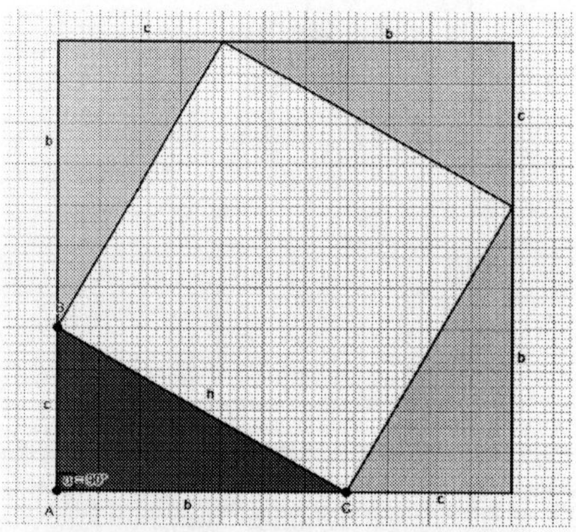

Figura 11: Experimentando no triângulo[47]

[46] Imagem produzida pelo próprio autor.

Concluímos que:

$$(b+c)^2 = 4\frac{bc}{2} + h^2$$

$$b^2 + c^2 = h^2$$

Em linhas gerais, dedução diz o que algo deve ser, a indução mostra que alguma coisa é realmente operativa e a abdução simplesmente sugere que alguma coisa pode ser, ou seja, dá significado a algo (gramática especulativa pura).

A dedução conecta os "processos abdutivos e intuitivos e, por isso, podemos dizer que a Matemática não é totalmente formal, mas se constitui de Experimentos Mentais"[48]. O diagrama neste sentido é "o veículo para experimento e manipulação mental. A definição operacional do ícone está intimamente ligada com a experimentação diagramática"[49].

A Matemática do ponto de vista genético é um tipo de raciocínio diagramático ou atividade semiótica. As generalizações ocorrem por meio desse tipo de raciocínio que Peirce denominou de *teoremático*. No "raciocínio *teoremático* é necessário provar todos os teoremas matemáticos mais importantes, aqueles que nos fornecem novos *insights*"[50]. No tópico seguinte, faremos um estudo mais detalhado sobre abdução e a importância do raciocínio diagramático.

1.5 O raciocínio abdutivo (seis formas de abdução)

Para Peirce, abdução é o processo de formação de uma hipótese explanatória. É considerada por Peirce como a única operação lógica que apresenta uma ideia nova. O conceito de abdução proposto por Peirce é um conceito muito amplo e isto pode gerar problemas na compreensão do que seria a abdução, como afirma Hoffmann[51]. Um primeiro problema com este conceito poderia levar a entender que qualquer percepção seria abdução. Um

---

[47] Ibid.

[48] Cruz, 2018, p.29

[49] Stjernfelt, 2013, p. 65.

[50] Otte, Barros, 2013, p. 195.

[51] Hoffmann, H. G. M. (2006). *Seeing problems, seeing solutions. Abduction and diagrammatic reasoning in a theory of scientific discovery.* Georgia Institute of Technology : School of Public Policy.

segundo problema é considerar a abdução, supostamente, uma operação lógica. E um terceiro problema é buscar entender o que a abdução faz.

Se a percepção é um caso de abdução, então ela poderia criar uma série de hipóteses explanatórias. A leitura de uma palavra, por exemplo, daria uma série de explicações tal como a sequência de letras utilizadas, e isto não necessariamente introduziria uma ideia nova. Outros questionamentos podem ser feitos: A ideia é nova para o indivíduo ou para a cultura ou civilização? Uma ideia seria o resultado de uma reificação?

A abdução ainda é inexplicável. Para tanto, o quadro 1 destaca seis tipos de abdução que podem ser encontrados no desenvolvimento de uma dada atividade e/ou problema em Matemática, podendo ajudar a entender um pouco esse conceito.

	Se "ideia" significa algo que pode ser representado por um símbolo singular (Com base na reificação)	Se "ideia" é sobre dados, ou sobre uma representação (Transformação teórica)
Se uma explicação é possível, referindo-se a uma ideia já existente na mente	Identificando Abdução (Como na leitura) (a)	Mudança de forma (b)
Se criar uma ideia que é nova para o indivíduo, mas que já existe como parte do conhecimento de sua cultura	Abdução Reificação Analógica (c)	Abdução Teórica Analógica (d)
Se criar uma ideia inteiramente nova	Abdução Reificação criativa (e)	Abdução Teoria da criação (f)

Tabela 1: Seis formas de abdução[52]

[52] Cruz, W. J. (2019). *O raciocínio diagramático e os experimentos mentais numa perspectiva semiótica*. Brasília: Educação Matemática em Revista, v. 24, n. 62, p. 6-28.

I - A identificação da abdução (a) parte de uma ideia já existente na mente, significando algo que pode ser representado por um símbolo singular, isto é, um ícone. Um exemplo disso ocorre quando se fala ou escreve a palavra "triângulo" e, consequentemente, vem à mente a imagem de um triângulo equilátero, como na figura 12.

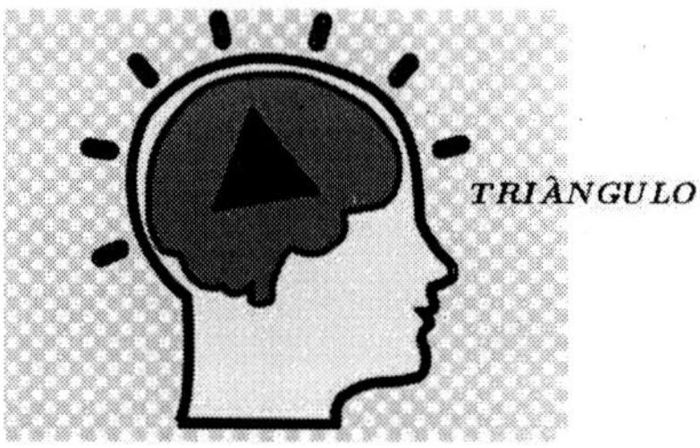

Figura 12: triângulo na mente[53]

II - A mudança de forma (b), quer dizer em ver *algo como algo*, ou seja, em uma única representação, ver a imagem de um pato ou de um coelho, como apresentado na figura 13. É uma forma de compreender a ideia existente na mente por meio de dados ou uma representação.

Figura 13: Pato ou coelho?[54]

III - Na reificação analógica (c), há uma ideia nova para o indivíduo, mas esta faz parte do seu universo cultural, podendo ser representada em uma forma singular. A ideia de triângulo geral, que tem como representante qualquer triângulo apresentado na figura 14 é um exemplo de reificação por

[53] Imagem produzida pelo próprio autor.

[54] Imagem obtida no site https://www.nexojornal.com.br/

analogia. Este triângulo geral existe no universo da cultura matemática do indivíduo, podendo ser representado por um triângulo particular.

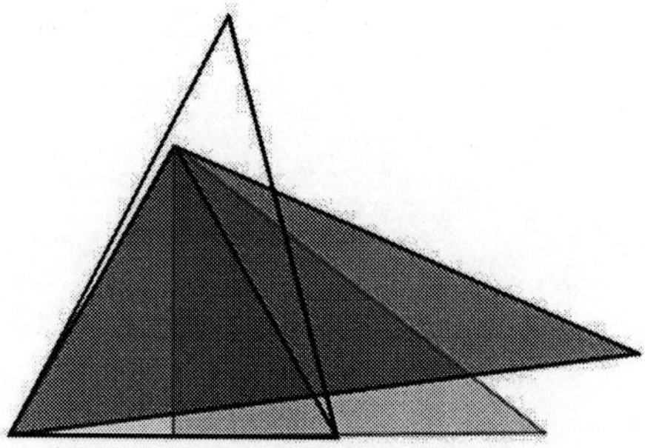

Figura 14: O triângulo geral[55]

IV - A abdução teórica analógica (d) traz uma ideia nova analisada por meio de dados ou representações. A ideia de Tales em colocar uma estaca para medir a altura de uma pirâmide, observando as relações entre a sombra da estaca e a sombra da pirâmide (figura 15), pode ser considerada uma abdução teórica analógica.

Figura 15: A ideia de Tales de Mileto[56]

V - A abdução reificação criativa (e) traz uma ideia inteiramente nova que pode ser representada por um símbolo singular. Um exemplo tirado da topologia é a consideração de um quadrado como uma bola. No plano R^2,

---

[55] Imagem produzida pelo próprio autor

[56] Imagem obtida no blog *djnmatematica8ano.blogspot.com*

com a métrica usual da reta, uma bola aberta[57], por exemplo, B(a,r) pode ser o interior de um quadrado de centro a = (x, y) e lados de comprimento $2r$ paralelos aos eixos coordenados. Ou seja, considerando um ponto (x_1, y_1) no interior desse quadrado, nas condições dadas, tem-se que: $|x_1 - a| < r$ e $|y_1 - a| < r$, ou de outra forma, $|x_1 - x| < r$ e $|y_1 - y| < r$.

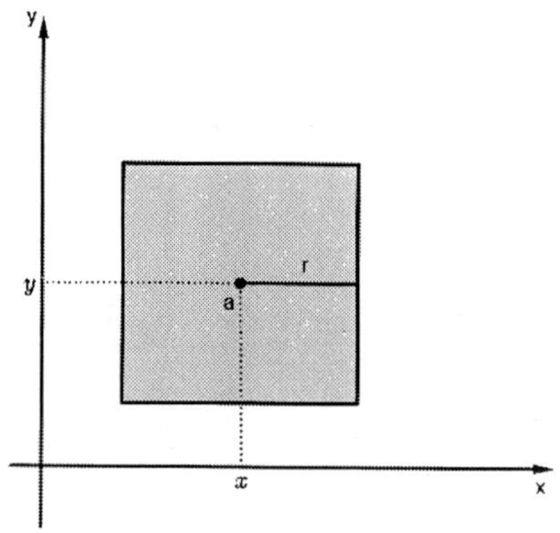

Figura 16: Bola aberta de centro a e raio r[58].

VI - A abdução Teoria da Criação (f) apresenta uma ideia inteiramente nova sobre dados ou uma representação. Por exemplo, a ideia de um número cujo quadrado é negativo, isto é: $i^2 = -1$

Hoffmann[59] afirma que o problema mais importante com o conceito de abdução de Peirce diz respeito à questão de como a capacidade de inferir abdutivamente pode ser explicada. Peirce insinua a capacidade do homem em adivinhar os caminhos da natureza corretamente e, também, a parte incontrolada da mente, pois, segundo ele, uma série de atos controlados precisaria de um começo[60].

Entretanto, nenhuma dessas abordagens é suficientemente elaborada e a possibilidade de abdução permanece no final inexplicável. Nesta situação, deve-se concentrar em *métodos* que possam, pelo menos, facilitar a

[57] Uma bola aberta de centro $a \in R$ e raio $r > 0$ é o intervalo aberto (a-r,a+r), na condição de que qualquer ponto x deste intervalo, temos que $|x - a| < r \Rightarrow a - r < x < a + r$.

[58] Imagem produzida pelo próprio autor.

[59] Hoffmann, 20006.

[60] Peirce, 2010.

abdução. Este é o papel que o "raciocínio diagramático" e o uso dos "Experimentos Mentais" podem desempenhar numa teoria geral das descobertas científicas, em especial na Matemática e na Educação Matemática, isto é, o raciocínio diagramático e os Experimentos Mentais têm o papel de desenvolver tais *métodos*.

1.6 Raciocínio diagramático

Peirce define raciocínio diagramático como um processo de três etapas: (a) a construção de uma representação; (b) a experimentação dessa construção; (c) a observação dos resultados. A característica essencial do raciocínio diagramático, para além das três etapas, é que esse tipo de raciocínio tem que ser realizado nos limites de um determinado sistema de representação, isto é, por meio de um contexto teórico bem definido.

Esse sistema de representação se caracteriza por ser um conjunto de convenções que tem por objetivo representar as proposições e relações lógicas envolvidas nessas proposições, indicando um conjunto de regras que ajudam a transformar o diagrama.

Por exemplo, a prova de que a soma dos ângulos internos de um triângulo qualquer é 180° é desenvolvida por meio de um diagrama que é uma representação particular do triângulo geral. Na sequência, por meio de uma ideia nova que não estava exposta nos dados do problema, passa-se uma linha reta paralela a um dos lados desse triângulo. E com esta linha reta realizamos a prova, como pode ser visto na figura 17.

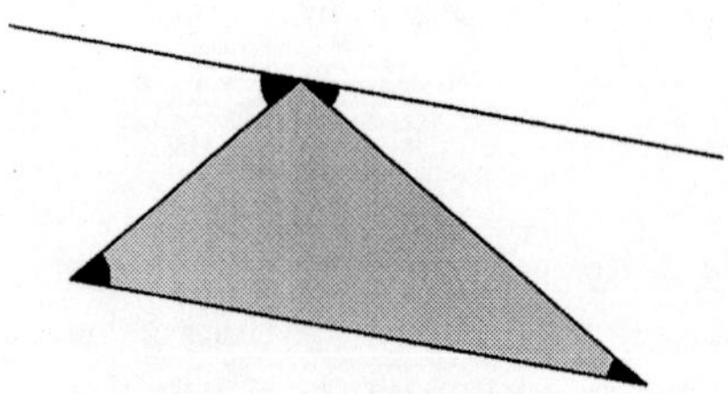

Figura 17: Soma dos ângulos internos de um triângulo[61]

[61] Imagem produzida pelo próprio autor.

Todo esse experimento só é possível se considerarmos a geometria euclidiana o nosso sistema de representação, ou seja, a geometria euclidiana nos ajuda a transformar nosso diagrama, dando condições de fazer a prova.

A prova assim concebida na figura 17 é um tipo de Experimento Mental que tem a intenção de mostrar que em qualquer representação do triângulo euclidiano geral, a soma dos ângulos internos é sempre 180°. No próximo capítulo, faremos um estudo bem detalhado dos Experimentos Mentais, apresentando-os como uma metodologia alternativa para o ensino da Matemática.

Capítulo 2
EXPERIMENTOS MENTAIS COMO METODOLOGIA ALTERNATIVA DE ENSINO

2.1. O que é epistemologia?

A epistemologia, conceituada como a doutrina do saber, é a chave para o estudo do conhecimento, em especial do conhecimento matemático. A intenção, em termos filosóficos, é escrever a relação entre o sujeito epistêmico (sujeito social que compartilha e debate hipóteses) e o objeto do conhecimento.

Há uma afirmação axiomática que levamos em consideração: "você não resolve nenhum problema da filosofia da Matemática, se não estiver admitindo um ponto de vista genético"[62]. Alguns afirmam que podemos definir coisas, mas o que é uma definição? Uma definição é apenas a substituição de uma realidade por uma descrição. Kant, nos seus estudos, eliminou a metafísica e assumiu a epistemologia. A própria revolução copernicana deu ênfase ao sujeito na busca de sua objetividade.

A objetividade de Kant está baseada no conhecimento do sujeito e na relação com a realidade, ou seja, o conhecimento é determinado pelas atividades das pessoas. Com esta visão epistemológica para o ensino e a aprendizagem em Matemática, é que apresentamos as características dos Experimentos Mentais, no intuito de externá-los como uma possível metodologia para o ensino de Matemática.

---

[62] Cruz, W. J. (2021a). O uso dos experimentos mentais como possível metodologia de ensino da matemática: um olhar epistemológico. Florianópolis. *Revista Eletrônica de Educação Matemática.*

2.2. Conceito de metodologia

O que é uma Metodologia de Ensino? Mais especificamente, uma Metodologia de Ensino de Matemática? Há uma definição no dicionário de filosofia de Nicola Abbagnano que considera metodologia como sendo "um conjunto de procedimentos metódicos de uma ou mais ciências"[63]. Talvez pudéssemos então escrever que uma metodologia de ensino de matemática é um conjunto de procedimentos metódicos que tem a intenção de ensinar Matemática a alguém. Mas há outros aspectos que devem ser levados em consideração e que vão além dessa afirmação simplista do termo metodologia de ensino.

Deixamos claro que nossa intenção é assumir os Experimentos Mentais como uma metodologia alternativa de Ensino de Matemática, no entanto, há a necessidade de discutirmos o que é ensino numa perspectiva filosófica e quais as características que condicionam tais experimentos a se efetivarem como uma metodologia.

Ensino é uma atividade, afirma Scheffler[64]. Todo ensino tem um objetivo, isto é, o ensino é dirigido para um certo resultado, ou seja, "trata-se de uma atividade orientada para uma meta"[65].

De forma resumida, ensinar é uma atividade direcionada para uma meta, a aprendizagem. O ensino trata-se de algo que alguém se dedica a fazer ou está ocupado em fazer, com o intuito de alcançar êxito, isto é, dirigido para um certo resultado (o aprendizado) daquilo que está fazendo ou que fez.

Scheffler, discutindo o ensino numa perspectiva filosófica, escreve que "ensino é algo a que alguém se dedica, é algo dirigido para uma meta cuja consecução envolve normalmente a atenção e esforço, proporcionando, ao mesmo tempo, uma definição relevante de êxito"[66].

Quando dizemos que estamos ensinando nossos alunos a manipularem o compasso, por exemplo, numa aula de geometria, o que queremos argumentar é que estamos tentando fazer com que eles aprendam a manejar tal instrumento. Isto é, o que estamos fazendo está associado a uma meta, que nossos alunos se esforçam para alcançar, ou que poderá ou não ser atingida.

---

63 Abbagnano, N. (2007). *Dicionário de Filosofia*. 5ª ed. São Paulo: Martins Fontes.

64 Scheffler, I. (1974). *A linguagem da educação*; trad. de Balthazar Barbosa Filho. São Paulo, Saraiva, Ed. da Universidade de São Paulo.

65 Ibid, p. 75.

66 Ibid, p. 75.

Alguns alunos podem aprender de forma mais rápida e outros podem demorar mais tempo. Alguns podem ter dificuldades em segurar o instrumento, ou o instrumento não ser tão adequado. Portanto, para se atingir a meta que é a aprendizagem, outros fatores devem ser levados em consideração. "Em suma, meta de uma atividade pode se encontrar além dos limites da própria atividade ou de um dos segmentos dessa, ou então carecer totalmente de condições temporais. Não obstante, dedicar-se à atividade em questão, envolve, em geral, tentar"[67].

O ensino envolve um esforço de realizar o aprendizado, no entanto, a afirmação contrária é falsa. Brincando com alguns operadores lógicos, colocamos o ensino e a aprendizagem, de maneira metafórica, como uma relação de implicação lógica. Isto é, "ensinar $\Longrightarrow$ aprender". Neste caso, o ensino e a aprendizagem são proposições. "Uma proposição p implica uma proposição q quando, em suas tabelas verdades, não ocorre VF (nesta ordem)"[68].

Do ponto de vista semiótico, utilizaremos dois índices ($\rightarrow$ e $\Longrightarrow$). O primeiro para indicar a operação entre as proposições resultando em uma nova proposição e o segundo apenas uma relação entre elas. Esta metáfora, não tem a intenção de transformar a relação ensino e aprendizagem numa estrutura fixa, rígida, mas serve tão somente para ilustrar algumas argumentações do ponto de vista filosófico.

Ensino	Aprendizagem	Ensino → Aprendizagem
V	V	V
F	V	V
V	F	F
F	F	V

Tabela 1: Se ensino então aprendizagem?[69]

Na proposição condicional *se ensino então aprendizagem*, VF não ocorre nesta ordem, isto quer dizer que, se há ensino e não há aprendizagem, o resultado desta atividade não foi bem-sucedido. Freire argumenta que

[67] Ibid, p. 77.

[68] Sérates, J. (1998). *Raciocínio Lógico: lógico matemático, lógico quantitativo, lógico numérico, lógico analítico, lógico crítico*. 7ª edição. Brasília: Editora JONOFON Ltda.

[69] Produção do próprio autor.

"inexiste validade no ensino de que não resulta um aprendizado em que o aprendiz não se tornou capaz de recriar ou de refazer o ensinado"[70]. Ao considerar que "ensino ⇒ aprendizagem", buscamos na operação lógica condicional, uma "tautologia", isto é, se há ensino, a meta deveria ser alcançada. Mas pode haver aprendizagem sem ensino. Na verdade, "aprender precedeu ensinar ou em outras palavras, ensinar se diluía na experiência realmente fundante de aprender"[71]. É verdade que o não ensino pode resultar em não aprendizagem também.

A meta do ensino é a efetivação da aprendizagem, mas, "embora a efetivação do aprendizado seja indispensável para o êxito do ensino, ela não é por si só, suficiente; é necessário, além disso, que o aprendizado se realize de maneira apropriada"[72].

A despeito da implicação lógica material que apresentamos por meio da lógica proposicional, o ensino como uma atividade exige esforço e tempo. "Não é um evento instantâneo"[73]. Qual o tempo necessário para desenvolver uma atividade de ensino? Se a questão é sobre quanto tempo estive ocupado a ensinar, isto sugere que ao final deste tempo eu tive êxito ou fracasso? Na verdade, a questão mais legítima seria: quanto tempo estive ocupado em ensinar a alguém? Como o ensino é uma atividade e esta atividade envolve tentativa de realizar um certo tipo de aprendizado com certas restrições, é necessário que haja tempo para o seu desenvolvimento.

Além de tempo, a atividade exige a realização de alguns movimentos, pois são coisas que nós fazemos "e o que é fazer, senão efetuar alguma modificação no meio ambiente por meio da realização de algum movimento?"[74]. Também requer pensamento e interpretação do contexto ao qual ela está sendo desenvolvida.

Podemos pensar também, que qualquer pessoa possa estar habilitada a desenvolver o ensino, mas ensinar não pode ser concebido como alguma estrutura distinta de movimentos executados por professores[75]. Lembremos de Paulo Freire o qual afirma que "ensinar não é transferir conhecimentos,

---

[70] Freire, P. (2019). Pedagogia da autonomia: saberes necessários à prática educativa. 59ª ed. Rio de Janeiro: Paz e Terra.

[71] Ibid, p. 27.

[72] Scheffler, 1974, p. 78.

[73] Ibid, p. 78.

[74] Ibid, p. 79.

[75] Ibid.

mas criar as possibilidades para a sua produção ou a sua construção"[76]. Sem dedicação, preocupação com o próximo, sem amor num sentido amplo, ninguém poderá ser um bom professor, afirma D'Ambrosio[77].

Interpretamos que os movimentos executados pelo professor incluem o conhecimento do aluno, o conhecimento do conteúdo a ser ensinado, o papel social que ele exerce e as perspectivas que ele assume. Tudo isto influi na metodologia que o professor vai adotar para que sua atividade atinja a meta estabelecida. Assim, para entender o conceito de metodologia, devemos compreender que tal conceito "como qualquer outro conhecimento, é fruto do contexto e do momento histórico em que é produzido"[78].

Talvez não exista somente um conceito geral ou histórico de metodologia, mas "sim vários, que têm por referência as diferentes concepções e práticas educativas que historicamente lhes deram suporte"[79].

Nossa concepção e que faz parte dos movimentos que desenvolvemos na adoção e aplicação dos Experimentos Mentais como Metodologia alternativa para o ensino de Matemática, está sob a égide da concepção histórico-dialética da educação, com base na epistemologia.

Nesta concepção, "o próprio conceito de metodologia e/ou didática é histórico-social, portanto, tem tudo a ver com o momento e contextos históricos dos quais é produto, bem como dos projetos, concepções e ideologias que lhe deram origem"[80].

A concepção histórico-dialética da educação tem suas bases fundadas no método materialista histórico-dialético, caracterizado "pelo movimento do pensamento através da materialidade histórica da vida dos homens em sociedade"[81]. Uma metodologia de ensino nesta concepção pode ser entendida como:

---

[76] Freire, 2019, p. 24.

[77] D'Ambrosio, U. (2008). *Educação Matemática: Da teoria à prática.* 16ª edição. Campinas, SP: Papirus, 2008.

[78] Manfredi, S. M. (1993). Metodologia de Ensino-diferentes concepções (versão preliminar). Campinas: *F.E./UNICAMP.*

[79] Ibid, p. 1

[80] Manfredi, 1993, p. 4.

[81] Pires, M. F. C. (1997). *O materialismo histórico-dialético e a Educação. Interface - Comunicação, Saúde, Educação* [online]. v. 1, n. 1 [Acessado 30/01/ 2022], pp. 83-94. Disponível em: <https://doi.org/10.1590/S1414-32831997000200006>. Epub 04 Ago 2009. ISSN 1807-5762. https://doi.org/10.1590/S1414-32831997000200006.

> [...] sendo um conjunto de princípios e/ou diretrizes sócio-políticos, epistemológicos e psicopedagógicos articulados a uma estratégia técnico-operacional capaz de reverter os princípios em passos e/ou procedimentos orgânicos e sequenciados, que sirvam para orientar o processo de ensino-aprendizagem em situações concretas[82].

As reflexões que nos orientam na aplicação de tal perspectiva baseiam-se em Manfredi, a qual destaca que na dimensão epistemológica deve-se levar em consideração as diretrizes relativas:

> a como se produz o conhecimento, numa perspectiva dialética; à lógica inerente a esse processo; a quem produz esse conhecimento; às diferenças entre o chamado saber popular e o saber sistematizado; ao tipo de relações existentes entre as diferentes formas de conhecimento; à importância e o sentido da teoria, numa perspectiva de uma educação crítica e consciente; ao que significa dizer que o processo de produção de conhecimento possui um aporte individual e sociocultural; o que todas estas questões têm a ver com o problema da escolha e organização dos conteúdos a serem trabalhados durante o processo de ensino-aprendizagem[83].

Os Experimentos Mentais têm, em seu desenvolvimento, a capacidade de mostrar como se dá o conhecimento de certos conceitos e/ou problemas em Matemática, num aspecto complementar entre o sentido da teoria e a aplicação dessa mesma teoria. No próximo item, apresentaremos tais experimentos numa perspectiva filosófica.

2.3. Os Experimentos Mentais (uma visão filosófica)

Os Experimentos Mentais são realizados quando não é possível ter acesso físico aos objetos considerados. Esses experimentos de um modo especial são factíveis no desenvolvimento da Matemática e de outras ciências. Por esse motivo, mereceu um olhar especial por diversos estudiosos no ramo da Filosofia da Ciência, na Matemática e, em estudos recentes, na Educação Matemática. Faremos um arrazoado sobre alguns autores que tratam sobre o tema.

Thomas Kuhn[84], um dos mais importantes estudiosos no ramo da filosofia da ciência, conceitua Experimentos Mentais como um "instrumento analítico que auxilia os cientistas a encontrarem contradições e/ou erros conceituais,

---

[82] Manfredi, 1993, p. 5.

[83] Ibid, p. 5.

[84] Kuhn, T. S. (2011). *A tensão essencial*. São Paulo: Editora UNESP, 257 – 282 pp.

permitindo chegar a leis ou teorias diferentes daquelas que eles sustentavam anteriormente"[85].

Kuhn coloca os Experimentos Mentais como uma ferramenta capaz de auxiliar na reformulação ou na compreensão de reajuste de conceitos já existentes, ajudando na percepção de dados antigos em uma nova forma de conceituação, isto é, "os Experimentos Mentais podem gerar uma mudança de paradigmas"[86].

Exemplo - O trem de Einstein: Uma situação hipotética que imagina um trem viajando na velocidade da luz, dentro do qual um viajante aponta uma lanterna para um espelho no teto do vagão. Para diferentes observadores, o próprio viajante e outro parado fora do trem, o tempo entre a emissão, a reflexão no espelho e o retorno da luz ao viajante é necessariamente diferente. Prova de que o tempo varia conforme a velocidade em que nos encontramos. "É interessante notar que Einstein introduziu o seu princípio de relatividade, baseado na ideia de simultaneidade, por meio de experiências mentais (trens portadores de relógios mentais, emitindo sinais mentais e movimentando-se em plataformas mentais, em sentidos opostos). Essa história, no entanto, é já dos nossos dias e iniciou, talvez, a terceira revolução científica, no começo do século XX"[87].

O filósofo Canadense James Robert Brown, militante na filosofia da ciência, disserta que os Experimentos Mentais estabelecem algum fenômeno e busca alguma teoria para explicá-lo[88]. Esse autor considera que os Experimentos Mentais criam conjecturas, uma vez que estamos conjecturando, na aplicação de tais experimentos, uma explicação para os acontecimentos vividos na atividade. Brown escreve que para entender a Matemática, por meio dos Experimentos Mentais, "temos que assumir um certo tipo de platonismo"[89], isto é, tem que haver uma certa crença na existência de objetos na Matemática, da mesma forma que acreditamos na existência de objetos na Física.

---

[85] Cruz, W. J. (2020). *Matemática é criação ou descoberta? A importância dos Experimentos Mentais*. Union: Revista Iberoamericana de Educação Matemática.

[86] Cruz, 2018, p. 79.

[87] Silva, M. R. *A Evolução do Pensamento Científico*. São Paulo: Hucitec, 1972.

[88] Brown, J. R. (2005). *The Laboratory of the mind: Thought experiments in the natural sciences*. This edition published in the Taylor & Francis e- Library.

[89] Cruz, 2018, p. 79.

Brown[90] argumenta que esse tipo de platonismo, que ele chama de contemporâneo (o qual denominamos de cognitivo), não precisa abraçar tudo que a filosofia tradicional de Platão apresenta. O ingrediente essencial é a existência e a acessibilidade das próprias formas, em particular das formas matemáticas;

Bendegem[91], matemático e filósofo da ciência, argumenta que os Experimentos Mentais permitem explorar fatos imaginários, buscando entender melhor os fatos e as teorias que incorporam esses fatos. Esse mesmo autor sugere a substituição do termo fato por provas em Matemática. Logo, os Experimentos Mentais podem ajudar na compreensão das provas e/ou atividades matemáticas que estamos desenvolvendo.

Bendegem[92] apresenta, como exemplo de um Experimento Mental, o famoso argumento de Euler sobre a soma dos inversos dos quadrados[93].

$$\sum_{n=1}^{\infty}\left(\frac{1}{n^2}\right) = \frac{\pi^2}{6}.$$

Mueller[94], um estudioso da filosofia grega antiga, analisando as provas no livro "Os Elementos de Euclides", enfatiza que as "derivações euclidianas são Experimentos Mentais e esses experimentos têm a intenção de mostrar se certo tipo de objeto tem uma determinada propriedade"[95] ou se uma determinada operação é possível de ser realizada. Os Experimentos Mentais, neste caso, são considerados um espaço de meras possibilidades.

Exemplo: **Proposição 1** - Construir em uma dada linha reta finita um triângulo equilátero.

---

[90] Brown, J. R. (2008). *Philosophy of Mathematics: An introduction to the world of proof and pictures*. 2. Ed. This edition published in the Taylor & Francis e-Library.

[91] Bendegem, J. P. V. (2003). *Thought experiments in mathematics*: anytidng but proof. Philosophical, *p. 9 – 33*.

[92] Ibid.

[93] Esse experimento será apresentado no apêndice 1 deste livro.

[94] Mueller, I. (1969). *Euclid's Elements and the Axiomatic Method.* Brit. F. Phil. Sci. 20 (1969), Printed in Great Britain, 289-309 pp.

[95] Cruz, 2020, p. 133.

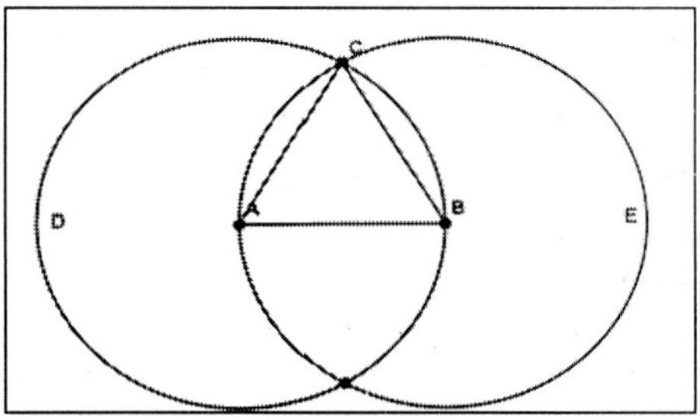

Figura 18: Proposição I de Euclides[96]

A proposição I de Euclides ilustra uma forma bem estilizada das provas de Euclides. Vamos mostrar, com base em Mueller[97], este experimento, indicando os termos gregos referindo-se a cada parte desse processo.

Protasis (proposta): Construir em uma dada linha reta finita um triângulo equilátero.

Ekthesis (exibição): Seja AB a linha reta finita dada (figura 18).

Diorismos (compromisso): Assim, é necessário construir um triângulo equilátero na linha reta AB.

Kataskeue (*construção*): Com o centro A, e com o intervalo AB descreve-se o círculo BCD; e com o centro B, e com o intervalo BA se descreva o círculo ACE. Do ponto C, onde os círculos se cortam reciprocamente, tirem-se para os pontos A, B as retas CA, CB.

Apodeixis (prova): Sendo o ponto A o centro do círculo BCD, será AC = AB. E sendo o ponto B o centro do círculo CAE, será BC = BA. Mas temos visto CA = AB. Logo, tanto CA, como CB, é igual a AB. Mas as coisas, que são iguais a uma terceira, são iguais entre si. Logo, será CA = CB. Portanto, as três retas CA, AB, BC são iguais.

Sumperasma (conclusão): Portanto, o triângulo ABC é equilátero; e ele foi construído sobre a dada linha reta finita. Que foi exigido que fosse feito (Q.E.F.)

No próximo tópico, discutiremos os Experimentos Mentais no campo da Educação Matemática e destacaremos, com o auxílio de um problema, as

---

[96] Ver: Cruz, 2018, p. 84.

[97] Mueller, I. (1981). *Philosophy of mathematics and deductive structure in Euclid`s Elements*. Cambridge, Mass: MIT Press.

principais características que organizam esse processo, qualificando-os como metodologia alternativa de ensino da Matemática.

2.4. O que são Experimentos Mentais na Educação Matemática?

Cruz[98] conceitua Experimentos Mentais, na perspectiva da Educação Matemática, como formas que o sujeito utiliza para colocar seus próprios pensamentos, no desenvolvimento de um determinado conceito, como objeto de consideração em uma dada atividade e/ou prova matemática, por meio de representações e ancorados a um sistema de representação coerente, isto é, a um contexto bem definido. Esses experimentos exercem, no campo da Educação Matemática, dois papéis fundamentais, a destacar: 1- mostrar a coerência do próprio conceito; 2 - Identificar a possibilidade de aplicação desse conceito. Esses papéis não são dados de forma hierárquica, mas são identificados no processo de aplicação de tais experimentos.

Só é possível a aplicação dos Experimentos Mentais na Matemática que se ensina, se acreditarmos que a Matemática é uma atividade semiótica, ou seja, uma atividade de construção de diagramas, experimentação sobre esses diagramas e verificação dos resultados. Esses são os passos para o raciocínio diagramático na perspectiva Peirceana.

Os Experimentos Mentais são desenvolvidos, seguindo algumas características que são essenciais para o processo e que os qualificam como uma possível metodologia para o ensino de Matemática. Essas características são nomeadas como: *Forma, Estrutura, Compreensão, Dependência, Revelação e Comparação.* Faremos um estudo dessas características por meio do exemplo – o problema de Papert[99]. Cabe ressaltar que esses nomes apresentam significados distintos do habitual.

A escolha pelo exemplo de Papert foi feita, por se tratar de um problema que teve uma enorme popularidade nos anos 80 como um jogo mental e por mostrar, já nos tempos atuais, "duas formas de procedimentos no conhecimento matemático: o indutivo e o metafórico - postulativo ou axiomático"[100].

---

[98] Cruz, 2018.

[99] Papert. S. (1980). *Mindstorms: children, computers and powerful idea.* Massachusetts: Cambridge.

[100] Cruz, 2018, p. 198.

Papert pede que imaginemos uma corda em torno da circunferência da terra (figura 19), considerando a terra uma esfera perfeitamente lisa de raio igual a 6 km aproximadamente. Alguém faz a proposta de colocar uma barra acima da terra utilizando barras de 2 metros de comprimento. Isto significa que precisamos agora de uma corda maior. Surge então uma discussão sobre quanto maior deve ser essa corda, isto é, qual o comprimento adicional da corda?

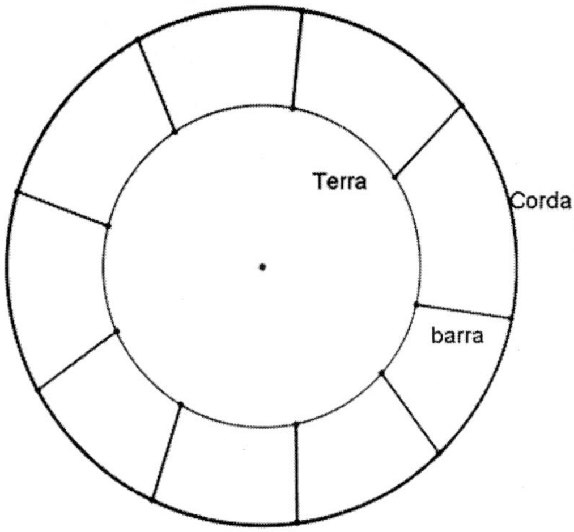

Figura 19: A terra[101]

Forma: *Forma, neste contexto, tem o significado de atividades supostas, isto é, os Experimentos Mentais são baseados em um sistema de atividades supostas. Isto significa que as atividades partem de certas conjecturas e hipóteses desenvolvidas em uma representação particular do objeto geral.*

Vamos supor que a terra seja quadrada, como na figura 20.

[101] Ibid, p. 199.

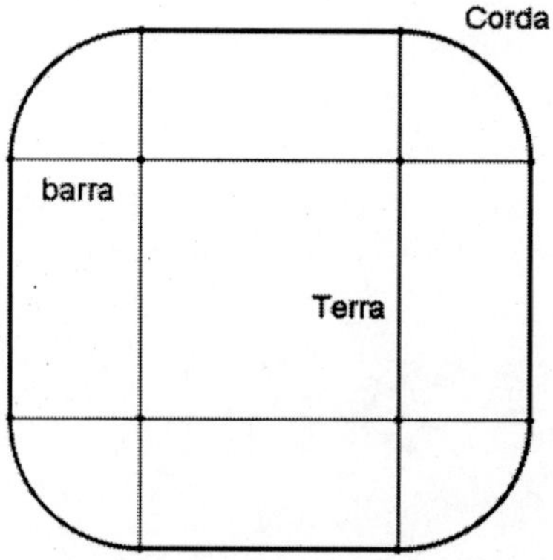

Figura 20: A terra quadrada[102]

Estrutura: *Estrutura implica em dizer que os Experimentos Mentais não têm uma estrutura rígida. Muitas coisas são implicitamente assumidas. Há neste contexto a aplicação de uma síntese abdutiva. Síntese abdutiva é a introdução de uma ideia nova não contida nos dados do problema, da atividade ou da prova, permitindo dar as conexões que esses mesmos dados não teriam fornecido.*

O diagrama mostra geometricamente que há a necessidade do comprimento adicional da corda. Os segmentos de reta da corda coincidem com as bordas do quadrado, isto é, da terra. Se pegarmos os quatro quartos de círculos formados por esses cantos, obtemos um círculo cujo raio é a medida *h* do comprimento da barra colocada em cada canto, isto é, o comprimento adicional será dado por:

$$C_{adicional} = 2\pi h.$$

Compreensão: *Compreensão dá ênfase de que nos Experimentos Mentais há uma combinação de experiências e conhecimentos que devem seguir uma lógica de considerações heurísticas com deduções lógicas e cálculos formais quando necessários. É o processo dedutivo no desenvolvimento da experimentação mental.*

---

[102] Ibid. p. 200.

Papert procede da mesma forma para um octógono (figura 21) e sucessivamente para polígonos com número de lados crescente

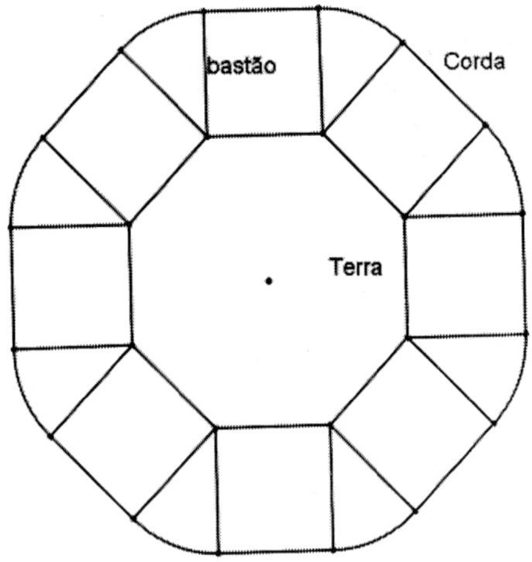

Figura 21: A terra octogonal[103]

Dependência: *Dependência indica que o processo de experimentação mental está dependendo de conhecimentos e argumentos aceitos pela comunidade, mesmo não sendo argumentos estritamente lógicos. Este processo nos possibilita compreender que "aprender novas coisas, sem novos dados, surge do fato de que o importante são as aplicações dos conceitos ou dos objetos e não apenas as relações dos conceitos entre si, ou seja, não é apenas a coerência da teoria"*[104].

Em uma análise mais detalhada, podemos concluir que o raio da terra, aumenta de h, dessa forma, o perímetro da corda também aumenta de h, isto é, quando o raio aumenta de x, para x+h, o perímetro aumenta de $f(x)$ para $f(x+h)$ e isso significa que

$$\boldsymbol{f(x+h) = f(x) + f(h)}.$$

Contudo, como percebido no caso do quadrado e do octógono, o perímetro independe, particularmente, do raio da terra.

[103] Cruz, 2018, p. 201.

[104] Ibid, p. 74.

Revelação: *Revelação mostra que os Experimentos Mentais revelam contradições no sistema de nosso conhecimento. Muitas vezes, porém, novas leis são descobertas desta maneira. Se existem apenas duas possibilidades e uma delas é falsa, a outra deve ser verdadeira. É claro, a nova teoria também é apenas uma teoria e não a verdade absoluta. Os Experimentos Mentais têm a capacidade de revelar um desajuste no aparato conceitual tradicional, permitindo ao experimentador ou ao cientista utilizar seus conhecimentos da mesma forma que utilizava antes, por outro lado, esses experimentos mostram contradições e/ou confusões lógicas no desenvolvimento de dada atividade, provas e/ou problema apresentado.*

É possível fazer uma generalização teórica da solução do problema apresentado por Papert, pois podemos, particularmente, exprimir que a quantidade adicional de corda para todos os polígonos, seja dada pela fórmula $y = cx$, onde $c = 2\pi$ e x representa a altura h da barra. Isso significa que há a necessidade de descobrir qual o verdadeiro objeto matemático que está por trás dessa fórmula, o que garante a construção efetiva de um conceito a partir do problema dado.

Alguns questionamentos podem ser feitos em relação aos novos elementos considerados. Destacamos a questão: O que a constante c fornece? Imagine as diversas formas terrestres concebidas nesse texto, o quadrado, o octógono etc. Coloque uma estaca com uma seta, indicando o caminho a ser percorrido na periferia da terra, considerando-a como um quadrado, por exemplo. Quando se dá uma volta completa em torno da terra, como pode ser percebido na figura 22, c representa exatamente o ângulo descrito pela seta ao girar em torno da terra, isto é, o ângulo formado no deslocamento do vetor a partir de sua posição inicial. Portanto, o objeto matemático efetivo, não é mais a circunferência ou uma curva qualquer, mas um *campo vetorial* ao longo dessa curva.

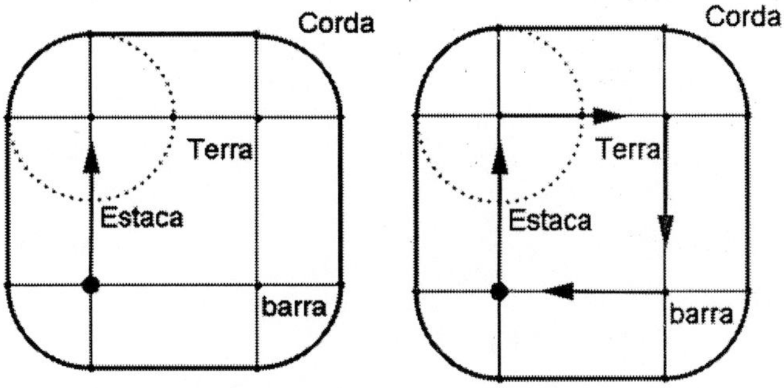

Figura 22: Campo vetorial[105]

Comparação: *Comparação neste processo é para afirmar que é possível comparar o conhecimento com outras possibilidades de solução em uma dada atividade, prova e/ou problema. Nós muitas vezes ganhamos novos conhecimentos quando algo que já foi dito uma vez é dito mais de uma vez de um modo novo.*

Campo vetorial em um plano é uma função F que associa a cada ponto (x, y) do plano, um vetor bidimensional $F(x, y)$. No caso do problema apresentado, tem-se o campo vetorial $F: R^2 \to R^2$, tal que:

$$\boldsymbol{F(x) = cx = (x_1, x_2)}.$$

Isso indica que cada ponto $x \in R^2$ associa o vetor de coordenadas (x_1, x_2).

Por meio da aplicação de Experimentos Mentais no ensino da Matemática, possibilitamos compreender como o conhecimento matemático é produzido. A intenção é contribuir pelo esclarecimento de certos assuntos fundamentais. As características que fundamentam tais experimentos deixam claro que a Matemática não é um mero jogo formal. Na verdade, a Matemática, neste contexto, é "compreendida como uma atividade, uma construção a base de possibilidades"[106]. É com esta organização que, no próximo capítulo, vamos apresentar alguns exemplos de atividades e/ou problemas, desenvolvidos por meio de Experimentos Mentais.

---

105 Cruz, 2018, p. 202.

106 Cruz, 2018, p. 167.

Capítulo 3
APLICANDO OS EXPERIMENTOS MENTAIS EM ALGUMAS ATIVIDADES OU CONCEITOS

3.1. Uma revisão sobre Experimentos Mentais

O mapa mental seguinte traz um resumo do conceito de Experimentos Mentais. Este conceito, como já mencionamos neste livro, está associado à ideia de Matemática como uma atividade semiótica, a ser desenvolvida por meio de raciocínios diagramáticos.

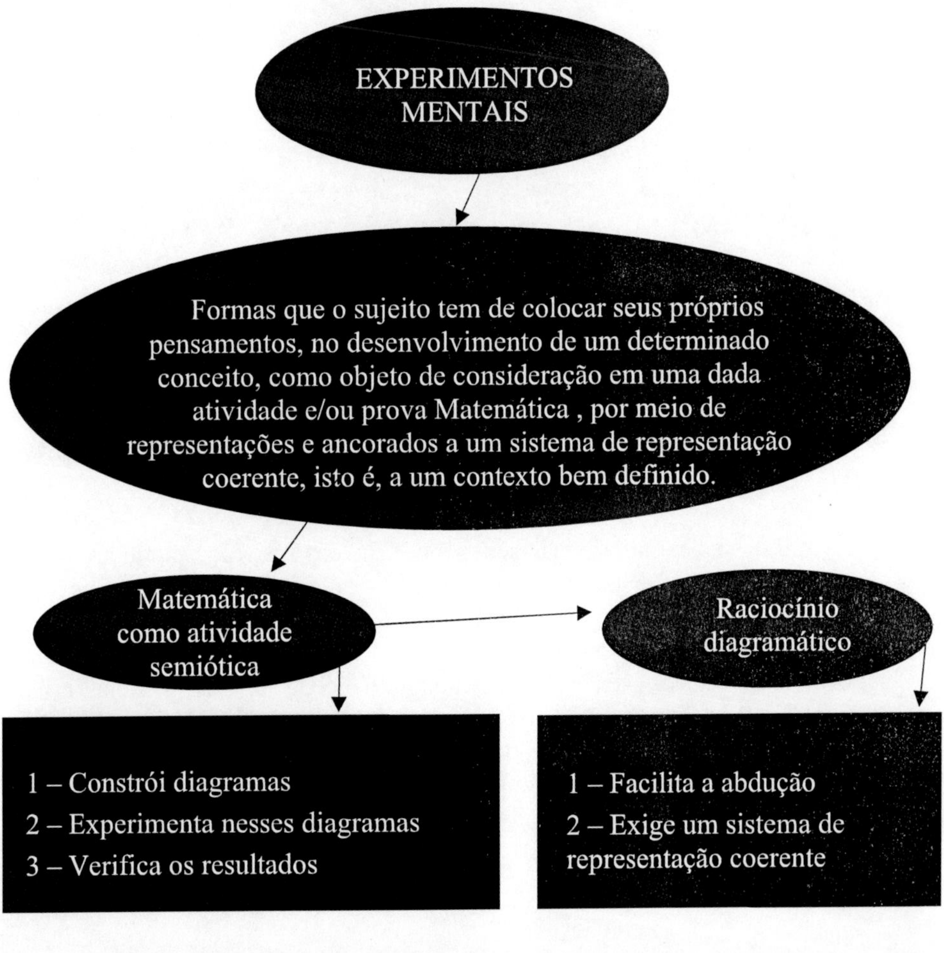

3.2. As características dos Experimentos Mentais

Para substancializar os Experimentos Mentais como uma metodologia de ensino para Matemática, organizamos seis características identificáveis na aplicação em alguns problemas e/ou atividades em Matemática. O próximo mapa mental traz, de forma resumida, essas propriedades.

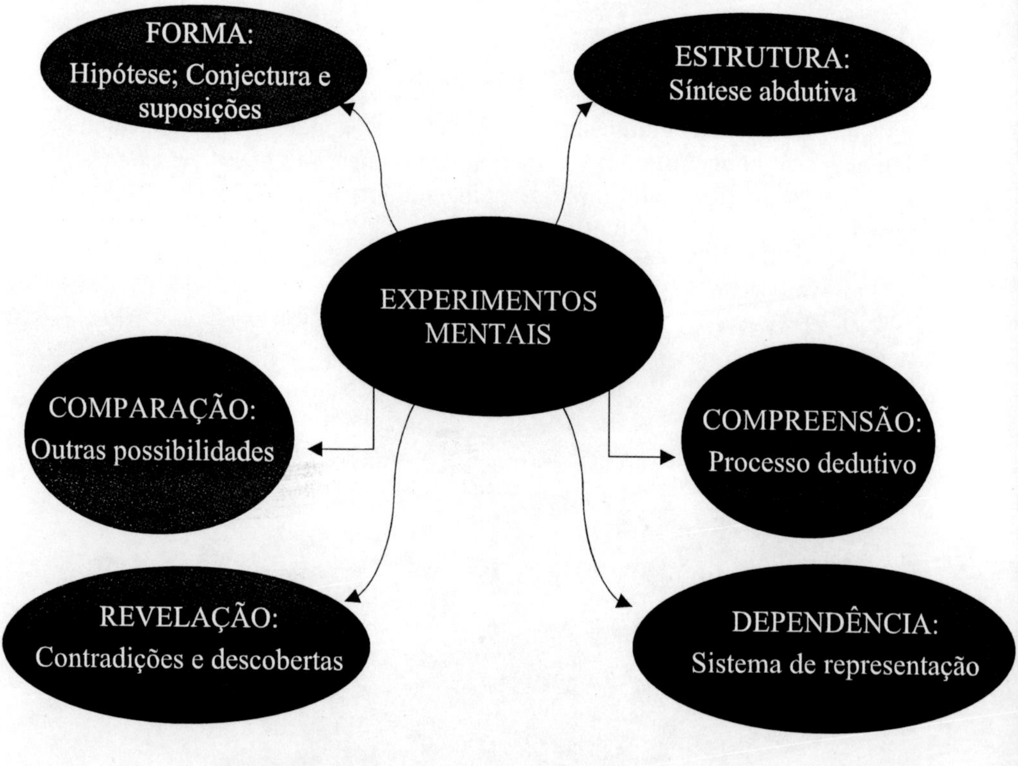

Nem todas as características serão identificadas no processo de aplicação dos Experimentos Mentais, no entanto, há quatro dessas que são fundamentais. São elas: Forma, Estrutura, Compreensão, Dependência. Em um processo de Experimentação Mental, partimos de hipóteses ou suposições (FORMA). Sempre há a necessidade de introduzir ideias novas (ESTRUTURA). Desenvolvemos o processo dedutivo (COMPREENSÃO) e este deve ser feito por meio de um sistema de representação coerente (DEPENDÊNCIA).

3.3. A área do círculo

Neste problema, vamos aplicar um Experimento Mental, no intuito de encontrar a relação que representa a área do círculo em função de seu raio. Seja dado um círculo na figura 23 de raio r e centro O.

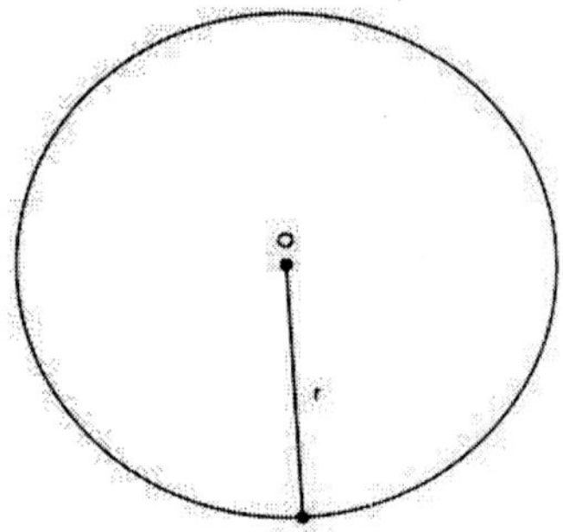

Figura 23: Círculo[107]

Forma: Por hipótese, vamos supor dois quadrados, um inscrito e o outro circunscrito à circunferência do nosso círculo. Para encontrar a área do círculo, enquadramos essa área entre as áreas dos quadrados, como na figura 24.

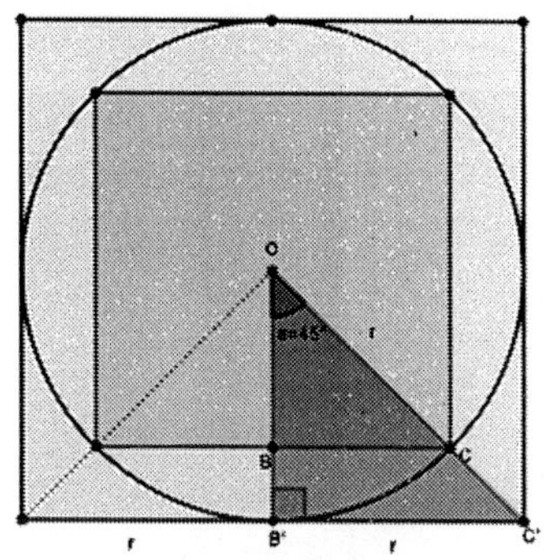

Figura 24: Quadrados inscrito e circunscrito[108]

[107] Imagem produzida pelo próprio autor.

[108] Ibid.

Estrutura, Compreensão e Dependência: No processo dedutivo, uma ideia nova surge, a possibilidade de verificarmos as relações nos triângulos retângulos que ora se apresentam no diagrama da figura 24. Resgatamos também conhecimentos acerca dos conceitos de trigonometria e áreas de polígonos.

Usando índices, nomearemos as medidas dos lados dos quadrados inscrito e circunscrito respectivamente por l_4 e L_4 e as áreas dos respectivos quadrados por A_{qi} e A_{qc}. A área do círculo será indicada por A_c. Observamos que $BC = \frac{l_4}{2}$. Encontrando o lado do quadrado inscrito, em função do raio do círculo, aplicando a relação *seno do ângulo* α no triângulo retângulo OBC destacado na figura 24, temos:

$$sen\alpha = \frac{\frac{l_4}{2}}{r}$$

Verificamos que $\alpha = 45°$. Esse ângulo α é a metade do ângulo central que pode ser indicado por $a_{c4} = \frac{360°}{4}$. Logo,

$$sen45° = \frac{BC}{OC} = \frac{\frac{l_4}{2}}{r} \Rightarrow$$

$$\frac{\sqrt{2}}{2} = \frac{\frac{l_4}{2}}{r} \Rightarrow$$

$$\frac{l_4}{2} = r\frac{\sqrt{2}}{2} \Rightarrow$$

$$l_4 = r\sqrt{2}.$$

Percebemos também que o lado do quadrado circunscrito é igual ao diâmetro do círculo, logo

$$L_4 = 2r.$$

A área do quadrado inscrito é:

$$A_{qi} = {l_4}^2 = 2r^2.$$

A área do quadrado circunscrito é:

$$A_{qc} = L_4^2 = 4r^2.$$

Logo, a área do círculo é:

$$2r^2 < A_c < 4r^2.$$

Revelação: Esses resultados nos revelam que a área do círculo é menor que a área do quadrado circunscrito e maior que a área do quadrado inscrito. Mas o quanto é menor e maior que essas respectivas áreas? A resposta a esta última questão é inconclusiva. Precisamos avançar para outras possibilidades.

Avançamos para um novo experimento, agora considerando hexágonos regulares, seguindo o mesmo critério usado anteriormente.

Forma: Considerando o círculo entre dois hexágonos regulares, um inscrito e o outro circunscrito, vamos fazer uma análise seguindo os passos anteriores. Encontrar a área de cada um desses hexágonos regulares. Utilizaremos os índices l_6 e L_6 para indicarem os lados dos respectivos hexágonos inscrito e circunscrito e A_{hi} e A_{hc} para as suas áreas.

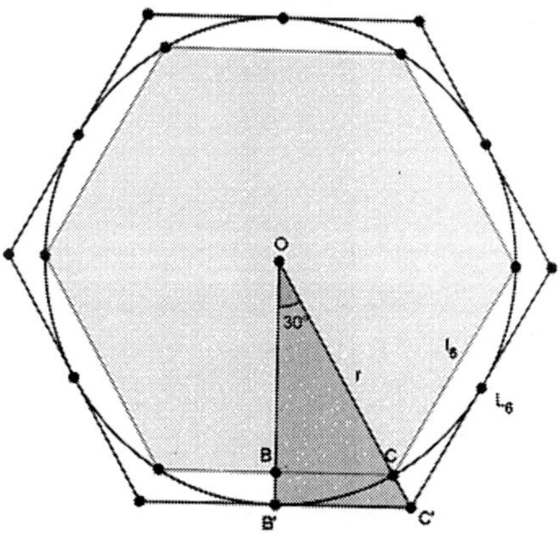

Figura 25: Hexágono regular[109]

Estrutura, Compreensão e dependência: Aplicando a relação seno do ângulo de 30° no triângulo OBC do hexágono inscrito, encontraremos o lado desse hexágono em função do raio. Esse ângulo de 30° equivale à metade da medida do ângulo central do hexágono, isto é, $a_{c6} = \frac{360°}{6}$. Portanto,

$$sen30° = \frac{BC}{OC} = \frac{\frac{l_6}{2}}{r} \Rightarrow$$

---

[109] Ibid.

$$L_6 = 2rsen30° \Rightarrow$$

$$l_6 = r$$

Vamos encontrar também a medida do segmento OB (apótema do hexágono regular inscrito), aplicando a relação cosseno do ângulo de 30° no triângulo OBC. A importância desse apótema é que ele representa a altura do triângulo OMC da figura 26.

$$cos30° = \frac{OB}{r} \Rightarrow$$

$$\frac{\sqrt{3}}{2} = \frac{OB}{r} \Rightarrow$$

$$OB = r\frac{\sqrt{3}}{2}$$

Para encontrar o lado do hexágono regular circunscrito, faremos a tangente do ângulo de 30° no triângulo $OB'C'$. Note que $OB' = r$.

$$tg30° = \frac{B'C'}{OB'} = \frac{\frac{L_6}{2}}{r} \Rightarrow$$

$$L_6 = 2rtg30°$$

$$L_6 = \frac{2r\sqrt{3}}{3}$$

Com os resultados encontrados anteriormente, vamos calcular, em função do raio do círculo, as áreas dos hexágonos regulares apresentados (figura 26).

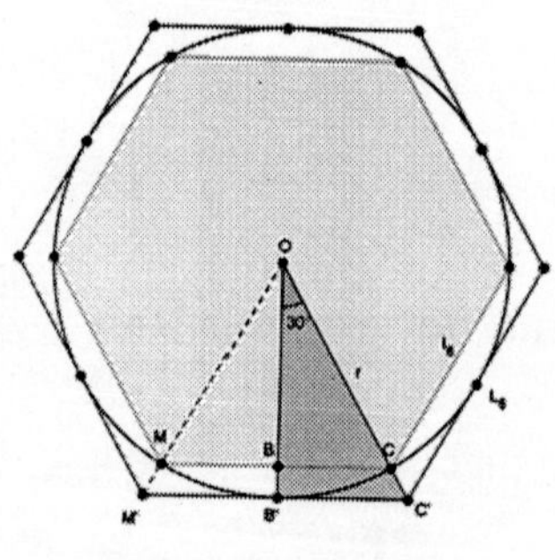

Figura 26:. Áreas dos hexágonos[110]

[110] Ibid.

Pela figura 26, percebemos que a área do hexágono regular inscrito na circunferência do círculo é igual a 6 vezes a área do triângulo OMC, de base MC e altura OB. E a área do hexágono regular circunscrito é igual a 6 vezes a área do triângulo $OM'C'$ de base $M'C'$ e altura OB'.

Logo,

$$A_{hi} = 6\frac{MC \times OB}{2} \Rightarrow$$

$$A_{hi} = 6\frac{l_6 \times OB}{2} \Rightarrow$$

$$A_{hi} = 6\frac{r \times r\frac{\sqrt{3}}{2}}{2} \Rightarrow$$

$$A_{hc} = 3r^2\frac{\sqrt{3}}{2} \cong 2{,}6r^2$$

e

$$A_{hc} = 6\frac{M'C' \times OB'}{2} \Rightarrow$$

$$A_{hc} = 6\frac{L_6 \times OB'}{2} \Rightarrow$$

$$A_{hc} = 6\frac{\frac{2r\sqrt{3}}{3} \times r}{2} \Rightarrow$$

$$A_{hc} = 2r^2\sqrt{3} \cong 3{,}46r^2$$

Logo, chegamos à conclusão de que a área do círculo está entre as áreas dos hexágonos regulares inscrito e circunscrito, isto é:

$$2{,}6r^2 < A_c < 3{,}46r^2$$

Revelação: O resultado é ainda inconclusivo, pois não sabemos o quanto menor e maior as áreas dos hexágonos são em relação à área do círculo. Logo, partiremos para outro experimento, agora com os decágonos regulares inscrito e circunscrito.

Consideramos agora os decágonos regulares inscrito e circunscrito na circunferência do círculo de raio r, como na figura 27. As indicações de lados e áreas seguirão o mesmo critério dos quadrados e dos hexágonos.

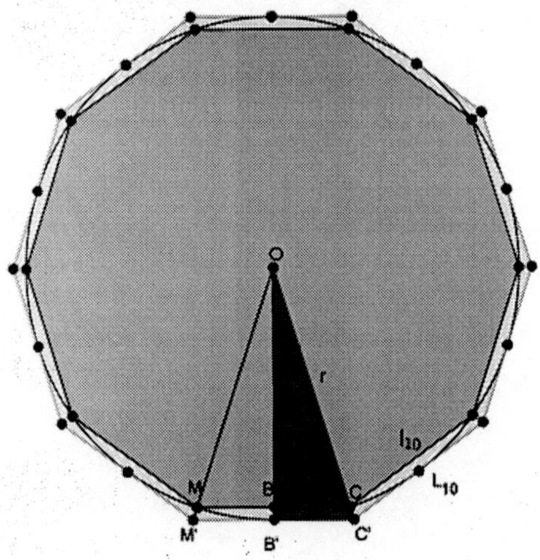

Figura 27: Decágono regular[111]

Aplicando o mesmo experimento, vamos encontrar a área do decágono regular inscrito. Percebemos que esta área corresponde a 10 vezes a área do triângulo OMC, que pode ser calculada por:

$$A_{di} = 10 \times \frac{1}{2} OM \times OC \times sen36° \Rightarrow$$

$$(36° \text{ é } a\ medida\ do\ \hat{a}ngulo\ central\ do\ dec\acute{a}gono\ regular)$$

$$A_{di} = 10 \times \frac{1}{2} r \times r \times sen36° \Rightarrow$$

$$A_{di} = 2{,}94r^2$$

Há a necessidade de encontrar o lado do decágono regular circunscrito para que na sequência seja possível encontrar a sua área.

$$tg18° = \frac{B'C'}{OB'} \Rightarrow$$

$$tg18° = \frac{\frac{L_{10}}{2}}{r} \Rightarrow$$

[111] Ibid.

$$0{,}33 = \frac{\frac{L_{10}}{2}}{r} \Rightarrow$$

$$L_{10} = 0{,}66r$$

$$A_{dc} = 10 \times 0{,}66r \times r \times \frac{1}{2} \Rightarrow$$

$$A_{dc} = 3{,}3r^2$$

Portanto, a área do círculo está entre as áreas dos decágonos regulares inscritos e circunscritos, isto é:

$$2{,}94r^2 < A_c < 3{,}3r^2$$

Revelação: Com base no que vimos dos experimentos anteriores e avançando para experimentos com polígonos regulares com o número de lados cada vez mais crescentes, chegaremos à conclusão de que em um polígono regular de n lados, sua área, se for inscrito na circunferência do círculo, será dada pela relação:

$$A_{pi} = n \times \frac{1}{2} \times r^2 \times sen\frac{360°}{n}$$

Polígonos regulares inscrito na circunferência do círculo de raio r	Áreas sem o cálculo de aproximações	Nova representação
Quadrado	$2r^2$	$4 \times \frac{1}{2} \times r^2 \times sen\frac{360°}{4}$
Hexágono regular	$3r^2\frac{\sqrt{3}}{2}$	$6 \times \frac{1}{2} \times \mathrm{r}^2 \times sen\frac{360°}{6}$
Decágono regular	$5r^2 sen 36°$	$10 \times \frac{1}{2} \times \mathrm{r}^2 \times sen\frac{360°}{10}$
⋮	-	⋮
Polígono de n lados	-	$n \times \frac{1}{2} \times r^2 \times sen\frac{360°}{n}$

Tabela 1: Áreas de polígonos regulares inscritos[112]

[112] Tabela produzida pelo próprio autor.

Se o polígono regular de n lados for circunscrito à circunferência do círculo, sua área será dada pela relação:

$$L_{pc} = 2r \times tg\frac{360°}{2n} \text{ e } A_{pc} = n \times r^2 \times tg\frac{360°}{2n}$$

Polígonos regulares circunscrito na circunferência do círculo de raio r	**Áreas sem o cálculo de aproximações**	**Nova representação**
Quadrado	$4r^2$	$4 \times r^2 \times tg\frac{360°}{8}$
Hexágono regular	$2r^2\sqrt{3}$	$6 \times r^2 \times tg\frac{360°}{12}$
Decágono regular	$10r^2tg18°$	$10 \times r^2 \times tg\frac{360°}{20}$
⋮	-	⋮
Polígono de n lados	-	$n \times r^2 \times tg\frac{360°}{2n}$

Tabela 2: Áreas de polígono regulares circunscritos[113]

Comparação: É possível, desta forma, encontrar as áreas dos polígonos regulares de 1000 lados, por exemplo, que estão inscrito e circunscrito à circunferência do círculo e comparar com a área desse mesmo círculo.

$$A_{pi} = 1000 \times \frac{1}{2} \times r^2 \times sen\frac{360°}{1000} \Rightarrow$$

$$A_{pi} = 3{,}141r^2$$

e

$$A_{pc} = 1000 \times r^2 \times tg\frac{360°}{2 \times 1000} \Rightarrow$$

$$A_{pc} = 3{,}1460r^2$$

$$3{,}14157r^2 < A_c < 3{,}14160r^2$$

Encontramos um resultado que nos dê condições de dizer que a área do círculo é aproximadamente $3{,}14r^2$.

---

113 Ibid.

Generalizando, podemos escrever simbolicamente que a área de um círculo vai estar entre as áreas dos polígonos inscrito e circunscrito de quantidade n de lados, pela relação:

$$n \times \frac{1}{2} \times r^2 \times sen\frac{360°}{n} < A_c < n \times r^2 \times tg\frac{360°}{2n}$$

ou

$$\frac{1}{2} nsen\frac{2\pi}{n} r^2 < A_c < ntg\frac{2\pi}{2n} r^2$$

Comparação: Como n pode ser cada vez maior, então, n pode tender ao infinito, pois nossa intenção é fazer experimentos com polígonos regulares com número de lados cada vez mais crescente. Considerando cada membro da desigualdade como uma função na variável n com $n \geq 4$, que relaciona o número de lados de um polígono com a sua área, isto vai nos permitir passar o limite[114] membro a membro da desigualdade, fazendo n tender ao infinito.

$$\lim_{n\to\infty}\left(\frac{1}{2}nsen\frac{2\pi}{n}\right) r^2 < \lim_{n\to\infty} A_c < \lim_{n\to\infty}\left(ntg\frac{2\pi}{2n}\right) r^2 \Rightarrow$$

$$\lim_{n\to\infty}\frac{1}{2}\frac{sen\frac{2\pi}{n}}{\frac{1}{n}} r^2 < A_c < \lim_{n\to\infty}\frac{tg\frac{2\pi}{2n}}{\frac{1}{n}} r^2 \Rightarrow$$

$$\frac{0}{0} < A_c < \frac{0}{0}.$$

Notemos que esses limites se aproximam da expressão $\frac{0}{0}$, que é considerada uma indeterminação. Por esse motivo, vamos aplicar a regra de L'Hospital[115], reescrevendo os limites da seguinte forma:

---

[114] Estamos usando uma ideia dinâmica de limites, configurando-os como resultado de um processo de movimento em que considerando a quantidade de lados de um polígono regular cada vez maior, a área desse polígono se aproximará de um determinado valor. Mas, mesmo permeados por esta ideia dinâmica, optamos, ao final do processo, em aplicar algumas regras de cálculo de limites de funções, em especial, a regra de L'Hospital, para encontrar a área do polígono que tem a quantidade de lados tendendo ao infinito. A opção por essa regra se dá no contexto em que ao aplicar o limite nas nossas funções, chegamos às indeterminações ou formas indeterminadas do tipo $\frac{0}{0}$.

[115] Esta regra é dada pelo Teorema: "Sejam f e g funções diferenciáveis para todo $x > N$, onde N é uma constante positiva, e suponha que para todo $x > N$, $g'(x) \neq 0$. Então, se $\lim_{x\to\infty} f(x) = 0$ e $\lim_{x\to\infty} g(x) = 0$ e se $\lim_{x\to\infty}\frac{f'(x)}{g'(x)} = L$ então $\lim_{x\to\infty}\frac{f(x)}{g(x)} = L$. O teorema continua válido se trocarmos $x \to +\infty$ por $x \to -\infty$" (ver, Leithold, 1994, p. 656).

Sejam as funções $f(n) = \frac{1}{2}sen\frac{2\pi}{n}$, $g(n) = \frac{1}{n}$ e $h(n) = tg\frac{2\pi}{2n}$, e suas respectivas funções derivadas $f'(n) = -\frac{1}{2}\cdot\frac{2\pi}{n^2}cos\frac{2\pi}{n}$, $g'(n) = -\frac{1}{n^2}$ e $h'(n) = -\frac{2\pi}{2n^2}sec^2\frac{2\pi}{2n}$, então:

$$\lim_{n\to\infty}\frac{f(n)}{g(n)} = \lim_{n\to\infty}\frac{f'(n)}{g'(n)}$$

e

$$\lim_{n\to\infty}\frac{h(n)}{g(n)} = \lim_{n\to\infty}\frac{h'(n)}{g'(n)}.$$

Dessa forma,

$$\lim_{n\to\infty}\frac{1}{2}\cdot\frac{-\frac{2\pi}{n^2}cos\frac{2\pi}{n}}{-\frac{1}{n^2}}r^2 < A_c < \lim_{n\to\infty}\frac{-\frac{2\pi}{2n^2}sec^2\frac{2\pi}{2n}}{-\frac{1}{n^2}}r^2 \Rightarrow$$

$$\lim_{n\to\infty}\pi cos\frac{2\pi}{n}r^2 < A_c < \lim_{n\to\infty}\pi sec^2\frac{2\pi}{2n}r^2 \Rightarrow$$

$$\pi\cdot 1\cdot r^2 < A_c < \pi\cdot 1^2\cdot r^2 \Rightarrow$$

$$\pi r^2 < A_C < \pi r^2$$

Como A_c não pode ser maior e menor ao mesmo tempo que πr^2, então concluímos que:

$$A_c = \pi r^2$$

Com a aplicação de Experimentos Mentais, chegamos a uma relação bem conhecida sobre a área de um círculo. Construímos esta área por meio de um pensamento especulativo, isto é, por meio de comparações de áreas. O nível de discussão e aplicação de tal experimento vai depender de como o professor e sua turma se sentem aptos em avançar na construção e aplicação dos conceitos. Se haverá a necessidade de pensar no cálculo de limites ou não é uma decisão do professor. Este problema pode ser adaptado para vários níveis de ensino, desde o básico até o superior, em especial na formação de professores.

3.4. Raízes quadradas

Esta atividade visa construir o conceito de raízes quadradas e suas aproximações decimais. A ideia é conceituar $\sqrt{a}$ como um segmento de reta, sendo a um número real, verificando as possibilidades e contradições e limitações de tal conceituação.

Forma - Atividades supostas partindo de certas conjecturas e hipóteses sobre uma representação particular do objeto geral.

Suponha que o número real a seja a medida de um segmento de reta, portanto, a tem que ser maior do que zero ($a > 0$). Se $a = 0$, o segmento se reduz a um ponto.

Estrutura – Aplicação de uma síntese abdutiva. Introdução de uma ideia nova não contida nos dados do problema.

Num processo abdutivo teórico analógico, vamos considerar dois segmentos de medidas m e n, tais que $m + n$ é o diâmetro de uma semicircunferência (figura 28).

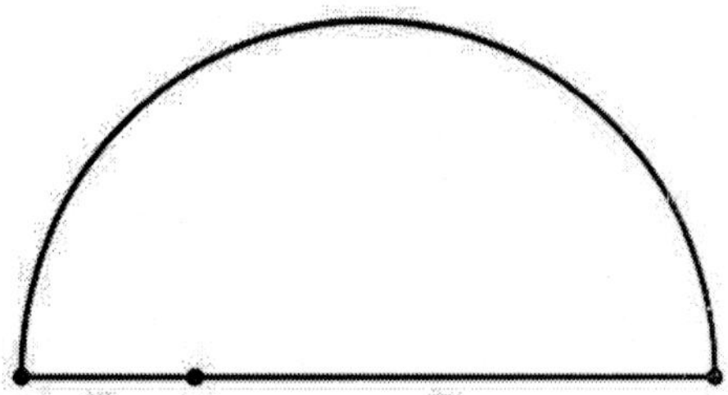

Figura 28: Semicircunferência[116]

Compreensão – Processo dedutivo que representa os fatos nas premissas, de tal maneira a representá-los num diagrama, identificar nesse diagrama fatos não mencionados nas premissas iniciais do argumento, operar com esses fatos e chegar a uma conclusão.

Se traçarmos uma perpendicular pelo extremo de m, no encontro com n, construiremos o segmento de medida h como pode ser visto na figura 29.

[116] Imagem produzida pelo próprio autor.

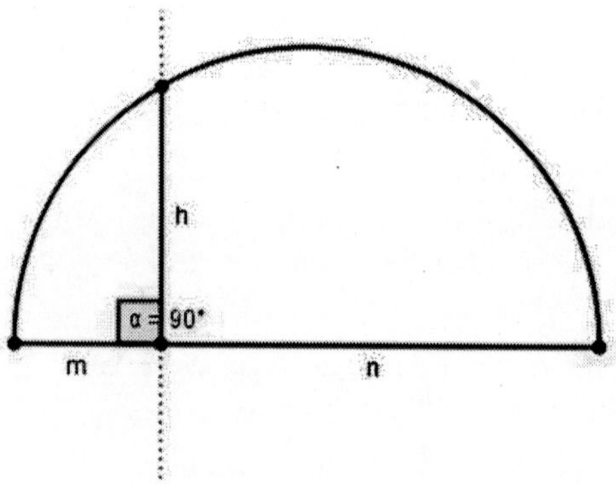

Figura 29: A medida h [117]

Na figura 29, percebe-se também a possibilidade da construção de um triângulo retângulo cuja hipotenusa é $m + n$ e os catetos b e c, gerando uma nova representação (figura 30).

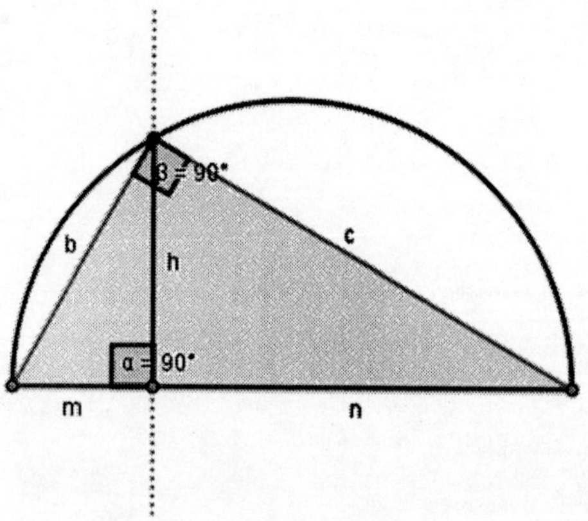

Figura 30: Uma nova representação[118]

Dependência – Depende de conhecimentos e argumentos aceitos, constituindo o nosso sistema de representação. Isto é, os Experimentos Mentais são desenvolvidos a luz de fatos já conhecidos.

[117] Ibid.

[118] Ibid.

> Todo experimento mental bem-sucedido inclui em seu esboço alguma informação prévia sobre o mundo, essa informação não está em questão no experimento. Reciprocamente, se estivéssemos com um experimento mental real, os dados empíricos sobre os quais ele se baseia seriam bem conhecidos e amplamente aceitos antes de o próprio experimento ser ao menos concebido. Como então, baseado exclusivamente em dados familiares, um experimento mental é capaz de conduzir a novos conhecimentos ou compreensão da natureza?[119].

Uma resposta plausível ao questionamento sobre como conduzir novos conhecimentos com dados já conhecidos é que os Experimentos Mentais auxiliam na eliminação de confusões conceituais e na diminuição de contradições na aplicação de um determinado conceito.

Como percebemos três triângulos retângulos no nosso diagrama da figura 30, então podemos aplicar o Teorema de Pitágoras, portanto:

$$(m+n)^2 = b^2 + c^2 \ (1)$$

e

$$h^2 + m^2 = b^2 \ (2) \text{ e } h^2 + n^2 = c^2 \ (3).$$

Somando as equações (2) e (3), chegamos ao seguinte resultado.

$$2h^2 + m^2 + n^2 = b^2 + c^2$$

isto é,

$$2h^2 + m^2 + n^2 = (m+n)^2.$$

Logo,

$$2h^2 + m^2 + n^2 = m^2 + 2mn + n^2$$
$$2h^2 = 2mn$$
$$h^2 = mn.$$

Passando a raiz quadrada nos dois membros dessa última igualdade, temos que

$$\sqrt{h^2} = \sqrt{\text{mn}} \ (4).$$

Revelação – Ganhamos conhecimentos por meio de contradições que podem surgir no processo de aplicação dos Experimentos Mentais. Há um processo relacional dos objetos matemáticos que dão uma existência relativa a certos argumentos.

---

[119] Kuhn, 2011, p. 258.

Uma revelação interessante nos condiciona a dizer que $\sqrt{x^2} = |x|$. Passando a raiz quadrada nos dois membros da sentença (4), chegamos ao resultado seguinte:

$$\sqrt{h^2} = \sqrt{\text{mn}}$$

$$|h| = \sqrt{mn}.$$

Como h é uma medida, logo $h > 0$, temos que:

$$h = \sqrt{mn}.$$

Se $m = 1$ e $n = a$, então

$$h = \sqrt{a}$$

Comparação – Pode haver a possibilidade de outras soluções para o problema proposto ou o conceito desenvolvido.

Atividade[120]: Sugerimos aqui uma atividade para o leitor. Aplique o Experimento Mental "raízes quadradas" para encontrar uma aproximação para $\sqrt{5}$.

3.5. O quadrilátero de Saccheri[121]

Esta atividade consiste na discussão acerca do quadrilátero de Sacherri. O objetivo é mostrar como a aplicação dos Experimentos Mentais pode abrir para novos horizontes.

O Jesuíta Giovanni Girolamo de Saccheri (1667 – 1773) foi o primeiro matemático, em 1773, a apresentar um estudo científico sobre o postulado das paralelas.

> Pouco se conhece sobre a vida de Saccheri. Nasceu em São Remo, mostrou acentuada precocidade quando jovem, concluiu seu noviciado na Ordem Jesuíta com 23 anos de idade e passou o resto de sua vida ocupando cargos de professor universitário. Enquanto ensinava retórica, filosofia e teologia no Colégio Jesuíta de Milão, Saccheri leu os Elementos de Euclides e se encantou com o poderoso método de *reductio ad absurdum*. Mais tarde, quando ensinava filosofia em Turim, publicou sua Lógica demonstrativa na qual a novidade principal era a aplicação do método de *reductio ad absurdum* ao tratamento da lógica formal. Alguns anos mais tarde, quando

---

120 Ver apêndice 2.

121 Cruz, W. J. *Retângulo que não é Retângulo? A Aplicação dos Experimentos Mentais no Quadrilátero de Saccheri*. Rio Grande do Sul: Revista Internacional de Pesquisa em Educação Matemática – RIPEM – Aceito para publicação em 20/03/2022.

era professor da Universidade de Pávia, teve a ideia de aplicar seu método favorito de *reductio ad absurdum* ao estudo do postulado das paralelas de Euclides e recebeu permissão para imprimir um pequeno livro intitulado Euclides *ab omni naevo vindicatus* (Euclides Livre de Toda Imperfeição), que veio à luz em Milão, em 1733, apenas uns poucos meses depois de sua morte[122]

Nesse estudo, Saccheri aceita as 26 proposições iniciais do livro I dos Elementos de Euclides, pois observara que essas proposições não necessitavam do postulado das paralelas nas suas demonstrações.

O postulado das paralelas é o quinto postulado de Euclides. Sua escrita, um pouco complicada, motivou diversos matemáticos a tentar deduzi-lo. Nos Elementos de Euclides[123], o quinto postulado tem a seguinte escrita: Se duas retas intersectadas por uma terceira reta, formam, do mesmo lado dessa reta secante, dois ângulos internos cuja soma é menor que dois ângulos retos, as retas quando suficientemente prolongadas se intersectam por esse lado da secante. Utilizando uma linguagem moderna, o quinto postulado fica traduzido como: Se $a + b < 180°$ então as retas r e s se intersectam do lado de a e b, como se percebe na figura 31.

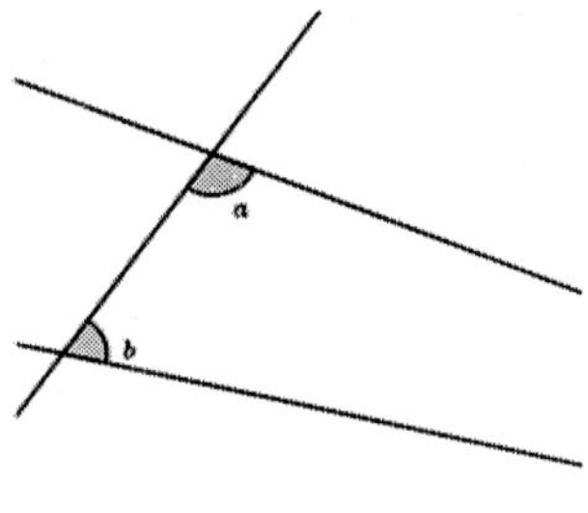

Figura 31: O postulado das paralelas[124]

Dos muitos substitutivos encontrados para o postulado das paralelas de Euclides, o mais comumente usado é aquele que se tornou conhecido nos tempos modernos devido ao matemático e físico escocês John Playfair (1748-1819), embora essa particular alternativa tivesse sido usada por outros

[122] Eves, H. (2011). *Introdução à história da matemática*. Tradução Hygino H. Domingues. 5a ed. – Campinas, sp: Editora da Unicamp.

[123] Euclides (2009). *Os Elementos*. Tradução: Bicudo, I. Rio Claro: UNESP.

[124] Imagem produzida pelo próprio autor.

e tivesse mesmo sido enunciada já no século V por Proclo. É o substitutivo mais comum nos atuais textos elementares de geometria: *Por um ponto fora de uma reta dada não há mais do que uma paralela a essa reta*[125].

Essas 26 proposições foram fundamentais para o trabalho de Saccheri, pois "com a ajuda desses teoremas, ele empreendeu o estudo do quadrilátero ABCD no qual os ângulos A e B são retos e os lados AD e BC são iguais"[126], como pode ser visto na figura 32.

Figura 32: Quadrilátero de Saccheri[127]

Saccheri mostrou que se traçarmos as diagonais AC e BD usando teoremas de congruência, mostraríamos que os ângulos D e C são iguais. Para esses ângulos, existem três possibilidades, a saber: Os ângulos D e C são retos, agudos ou obtusos. A hipótese de Saccheri era a de mostrar que a consideração dos ângulos serem agudos ou obtusos, levaria a uma contradição. Portanto, por redução ao absurdo, Saccheri mostrou que deveria valer a hipótese do ângulo reto, implicando assim o postulado das paralelas.

Consideremos dois problemas com base no Quadrilátero de Saccheri. A proposta é mostrar alguns resultados, quando aplicamos os Experimentos Mentais no desenvolvimento desses problemas.

Problema 1: Considere dois Quadriláteros de Saccheri justapostos como na figura 33. Os lados opostos aos lados que contêm os ângulos retos dos quadriláteros são congruentes entre si.

---

[125] Eves, 2011, p. 539.

[126] Ibid, p. 540.

[127] Imagem produzida pelo próprio autor.

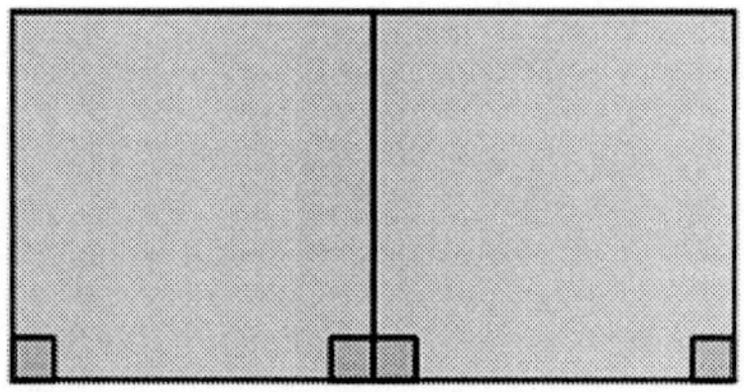

Figura 33: Dois quadriláteros de Saccheri justapostos[128]

Problema 2: Mostrar que no Quadrilátero de Saccheri, representado pela figura 34, pode ser possível a relação $B_1B_2 \geq A_1A_2$.

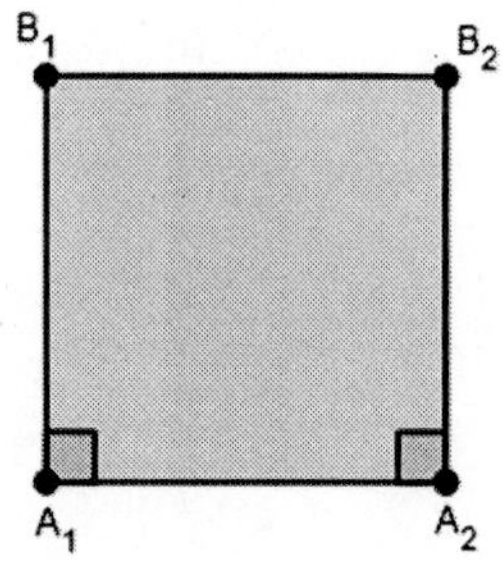

Figura 34: Uma representação particular do objeto geral[129]

3.5.1. Aplicando o Experimento Mental no Problema 1

Forma: Como é um sistema de atividades supostas, vamos supor dois quadriláteros de Saccheri, apresentados na figura 35, tais que $A_1A_2 \equiv A_2A_3$, $A_1B_1 \equiv A_2B_2 \equiv A_3B_3$. O símbolo $\equiv$ representa congruência entre as figuras. Nossa intenção é mostrar que $B_1B_2 \equiv B_2B_3$.

[128] Ibid.

[129] Ibid.

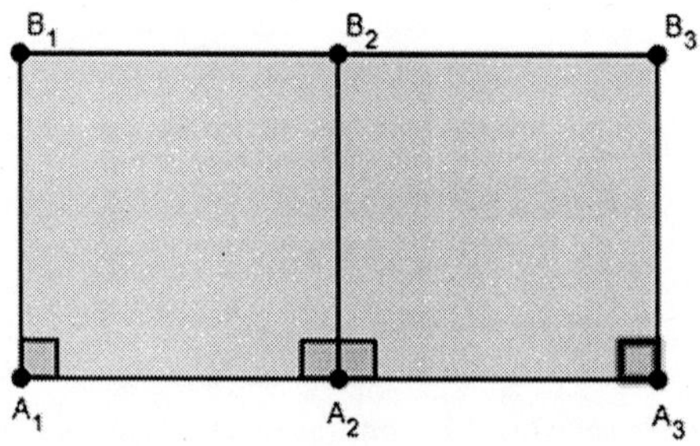

Figura 35: Hipótese[130]

Estrutura: Nossa síntese abdutiva, vai considerar os triângulos $A_1A_2B_1$ *e* $A_2A_3B_2$, como na figura 36. Note que esta é uma ideia nova que não estava contida nos dados iniciais do problema.

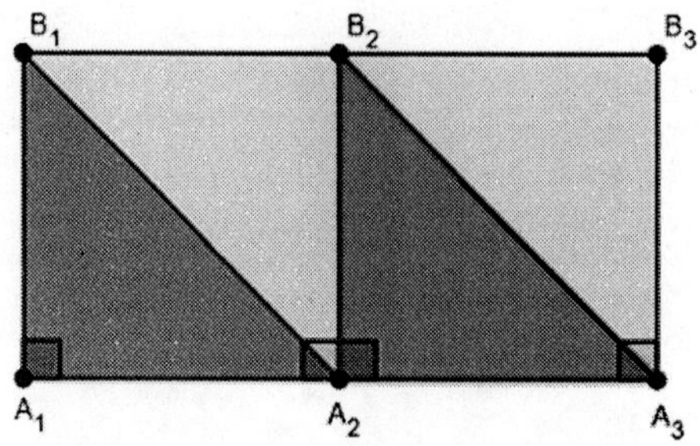

Figura 36: Síntese abdutiva[131]

Compreensão e Dependência: Experimentando nesses triângulos, percebemos que eles possuem dois lados correspondentes congruentes e um ângulo entre esses lados também congruente. Revisitando os conceitos da geometria plana, se dois triângulos possuem dois lados correspondentes congruentes e os ângulos entre esses lados também congruentes, os triângulos serão congruentes entre si, como pode ser visto na figura 37. Ou seja, $\Delta A_1A_2B_1 \equiv \Delta A_2A_3B_2$. Logo, $A_2B_1 \equiv A_3B_2$ e $B_2\widehat{A_2}B_1 \equiv B_3\widehat{A_3}B_2$ (ângulos). O índice $\Delta A_1A_2B_1$ representa triângulo de vértices A_1, A_2 *e* B_1.

[130] Ibid.

[131] Ibid.

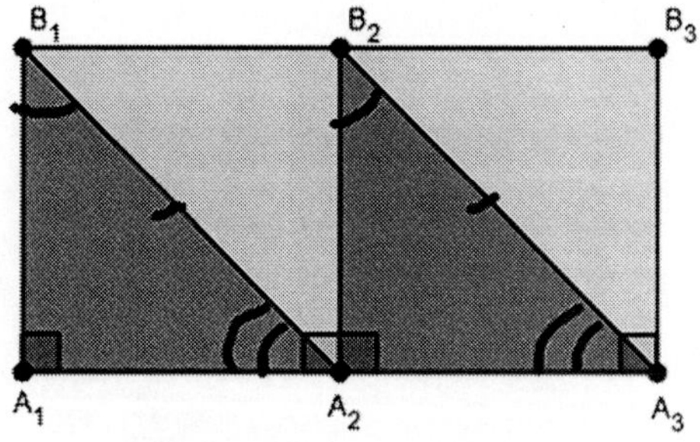

Figura 37: Método dedutivo[132]

Revelação: Na figura 38, descobrimos também uma relação entre $\Delta B_1A_2B_2$ e $\Delta B_2A_3B_3$.

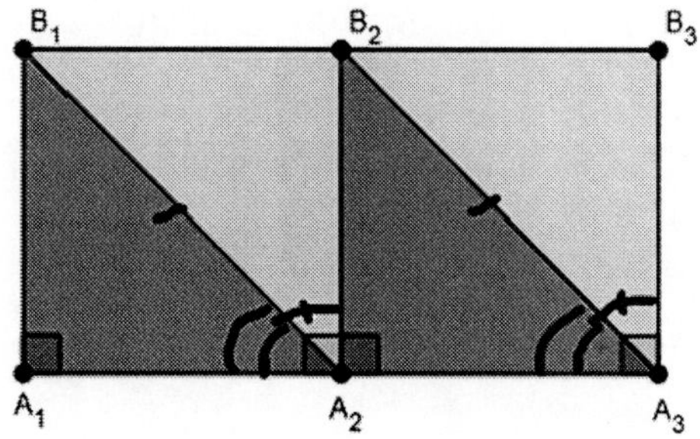

Figura 38: Revelação no processo dedutivo[133]

A ideia é que se perceba no diagrama da figura 38 que $A_2B_1 \equiv A_3B_2,$ $B_1\widehat{A_2}B_2 \equiv B_2\widehat{A_3}B_3$ e $A_2B_2 \equiv A_3B_3$, o que nos leva a afirmar que o $\Delta B_1A_2B_2$ e o $\Delta B_2A_3B_3$ são congruentes. Portanto, se $\Delta B_1A_2B_2 \equiv \Delta B_2A_3B_3$, então, $B_1B_2 \equiv B_2B_3$.

Comparação: Esta conclusão pode ser estendida para mais quadriláteros de Saccheri nas condições dadas, como pode ser visto na figura 39. Podemos escrever de forma mais geral que $B_1B_2 \equiv B_2B_3 \equiv \cdots \equiv B_nB_{n+1}$.

---

[132] Ibid.

[133] Ibid.

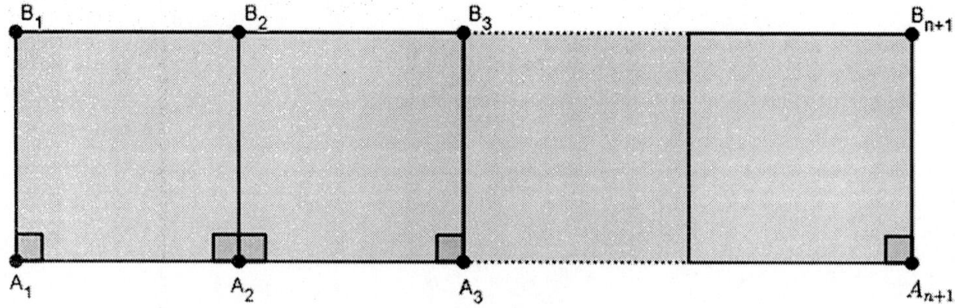

Figura 39: Generalização[134]

3.5.2. Aplicando um experimento Mental no Problema 2.

Forma: Considere por hipótese n quadriláteros de Saccheri de mesma base, justapostos como na figura 40. Nossa intenção é mostrar que é possível $B_1B_2 \geq A_1A_2$. Para este empreendimento, vamos supor que $A_1A_2 > B_1B_2$, isto é, $A_1A_2 - B_1B_2 > 0$.

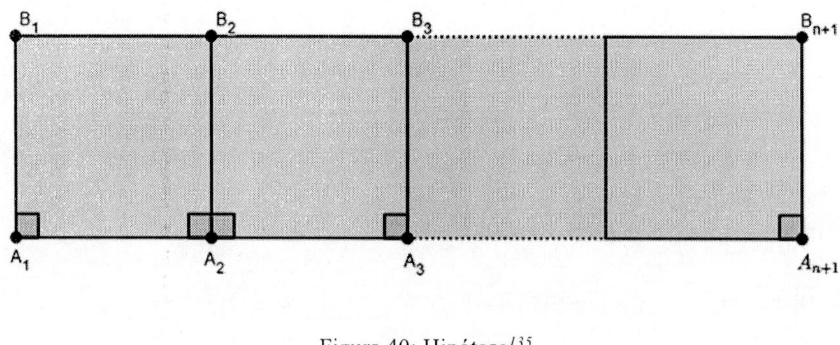

Figura 40: Hipótese[135]

---

[134] Ibid.

[135] Ibid.

Estrutura: Vamos lançar uma ideia nova ao problema, utilizando a desigualdade triangular. Pela desigualdade triangular, a medida de um determinado lado de um triângulo é menor que a soma das outras duas medidas. Faremos este experimento inicial, na figura 41.

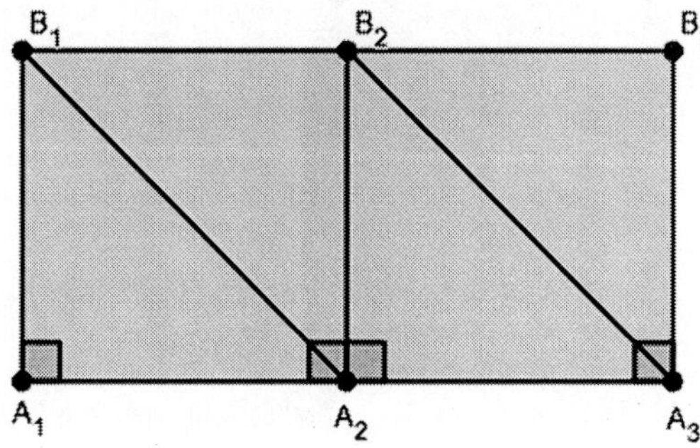

Figura 41: A desigualdade triangular[136]

Pela desigualdade triangular, $A_1A_2 < A_1B_1 + A_2B_1$ (1) e $A_2B_1 < B_1B_2 + A_2B_2$ (2). Da desigualdade (1) podemos escrever que $A_1A_2 - A_1B_1 < A_2B_1$. Comparando com a desigualdade (2), chegamos à relação:

$$A_1A_2 - A_1B_1 < A_2B_1 < B_1B_2 + A_2B_2 \Rightarrow A_1A_2 - A_1B_1 < B_1B_2 + A_2B_2.$$

Ou mais especificamente:

$$A_1A_2 < A_1B_1 + B_1B_2 + A_2B_2.$$

O mesmo pode ser feito no segundo quadrilátero para chegar à relação:

$$A_2A_3 < A_2B_2 + B_2B_3 + A_3B_3.$$

Compreensão: Se adotarmos esta desigualdade a cada quadrilátero em um conjunto de n quadriláteros justapostos, deduziremos que:

[136] Ibid.

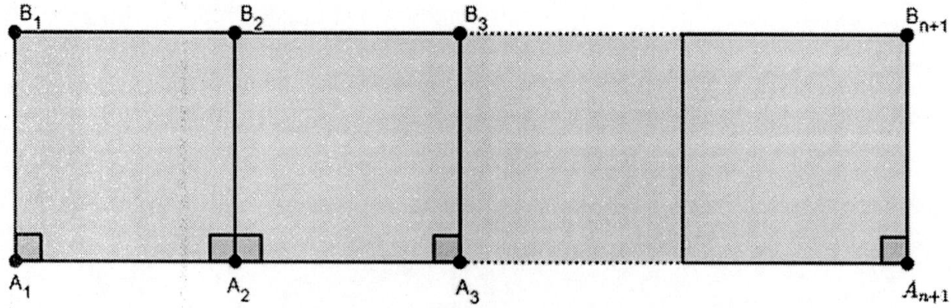

Figura 42: O processo dedutivo[137]

$$A_1A_{n+1} < A_1B_1 + B_1B_2 + \cdots + B_nB_{n+1} + B_{n+1}A_{n+1}.$$
$$nA_1A_2 < (A_1B_1 + B_{n+1}A_{n+1}) + (B_1B_2 + \cdots + B_nB_{n+1})$$
$$nA_1A_2 < 2A_1B_1 + nB_1B_2$$
$$nA_1A_2 - nB_1B_2 < 2A_1B_1, (\forall n \in N)$$
$$n(A_1A_2 - B_1B_2) < 2A_1B_1.$$

Revelação: Este último resultado entra em contradição com um princípio matemático chamado de Arquimediano. Este princípio afirma que se tem dois números reais quaisquer x e y, sendo que $x > 0$, então existe um número natural n tal que $n \cdot x > y$.

Portanto, nossa hipótese não se sustenta. Como nossa hipótese nos leva a uma contradição, então uma consideração plausível para o problema é assumir que a relação $A_1A_2 \leq B_1B_2$ é verdadeira, ou de outra forma, que $B_1B_2 \geq A_1A_2$.

Comparação: Um fato muito interessante e que remonta o debate sobre o postulado das paralelas é que nesta consideração, a relação $A_1A_2 = B_1B_2$ é possível. Portanto, o retângulo passa a ser um Quadrilátero de Saccheri validado, desta forma, pelo quinto postulado de Euclides. Ou seja, o retângulo é um Quadrilátero de Saccheri considerando válido o postulado das paralelas.

Deixamos para o leitor dois outros problemas que podem ser desenvolvidos, seguindo os resultados dos Experimentos Mentais apresentados no quadrilátero de Saccheri[138].

---

[137] Ibid.

[138] No apêndice 3 apresentamos as resoluções dos problemas propostos.

Problema 1: Mostrar que no quadrilátero de Saccheri da figura 34, a medida do ângulo $B_2A_2B_1$ é maior do que ou igual à medida do ângulo $A_2B_1A_1$.

Problema 2: Do problema 1, conclua que a soma das medidas dos ângulos agudos internos de um triângulo retângulo é menor do que ou igual a 90°.

3.6. O cálculo de segmentos

Este experimento tem por objetivo desenvolver a soma de dois segmentos, com base no Teorema de Desargues. Buscamos identificar as características dos Experimentos Mentais nas etapas de construção desse cálculo.

Forma: Tome duas retas fixas que se intersectam num ponto O (figura 43) e calcule os segmentos de mesma origem em O e cujas extremidades estejam sobre uma dessas retas fixas. O ponto O será considerado como o segmento 0, simbolicamente:

$$OO = 0 \text{ ou } 0 = OO$$

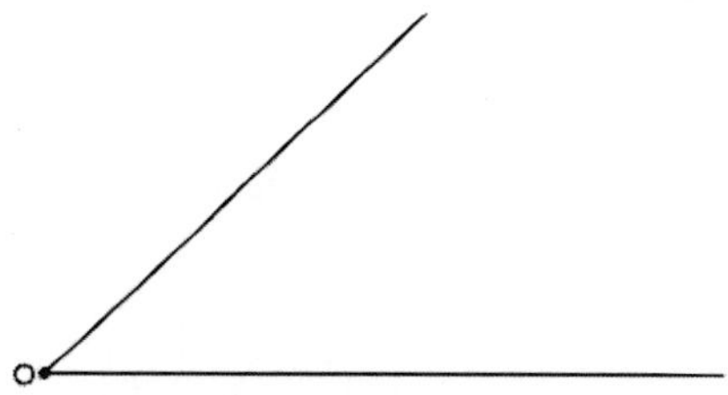

Figura 43: Identificando 0[139]

Estrutura: Sejam E e E' pontos determinados sobre as retas fixas (figura 44) que se intersectam em O, então, os dois segmentos OE e OE' serão chamados de segmento 1, simbolicamente representados por:

[139] Cruz, W. J. (2018b). A Hipótese dos Experimentos Mentais na Construção de Conceitos em Matemática. São Paulo: JIEEM v.11, n.2, p. 104-110.

$$OE = 1 \; e \; OE' = 1$$

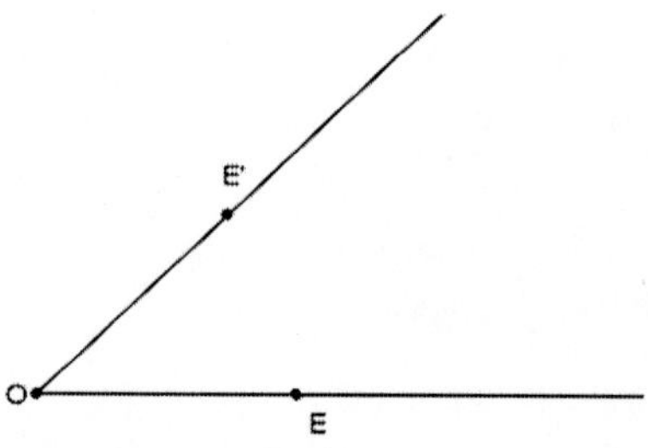

Figura 44: Segmento 1[140]

Compreensão e Dependência: Ligando os pontos E e E', obtemos o segmento EE' (figura 45) que pode ser denominado de *segmento-unidade.*

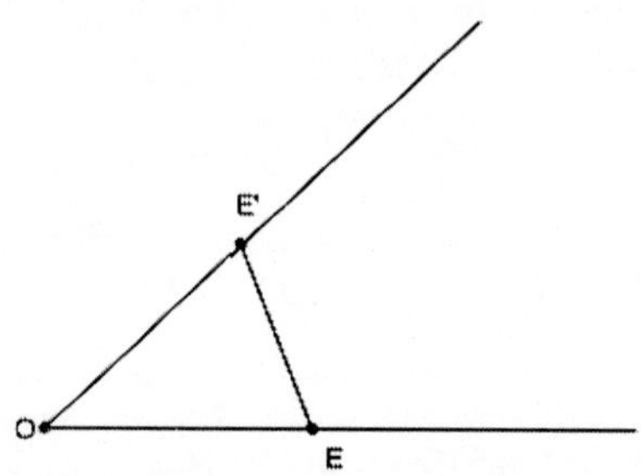

Figura 45: Segmento-unidade[141]

Dados os pontos A e A' sobre as retas OE e OE' respectivamente, como apresentado na figura 46. Se o segmento que liga os pontos A e A' for paralelo ao *segmento-unidade* pode-se dizer que OA e OA' são iguais e simbolicamente representados por:

$$OA = OA' \; ou \; OA' = OA$$

[140] Ibid, p. 106.

[141] Ibid.

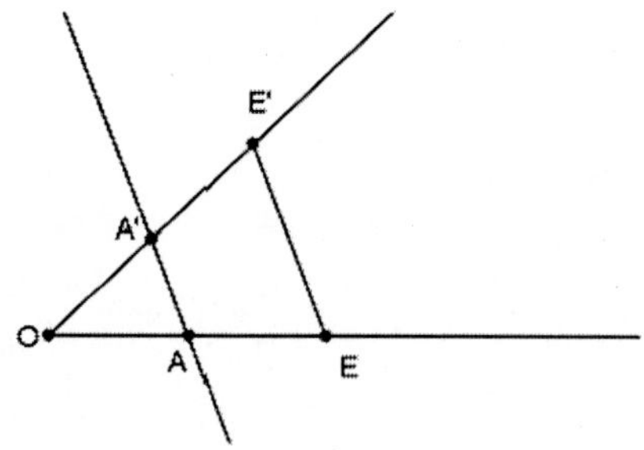

Figura 46: Segmentos iguais[142]

Dado um ponto B sobre a reta OE (figura 47). Fazendo $a = OA$ e $b = OB$, determina-se a soma dos segmentos OA e OB por meio de contruções de retas paralelas.

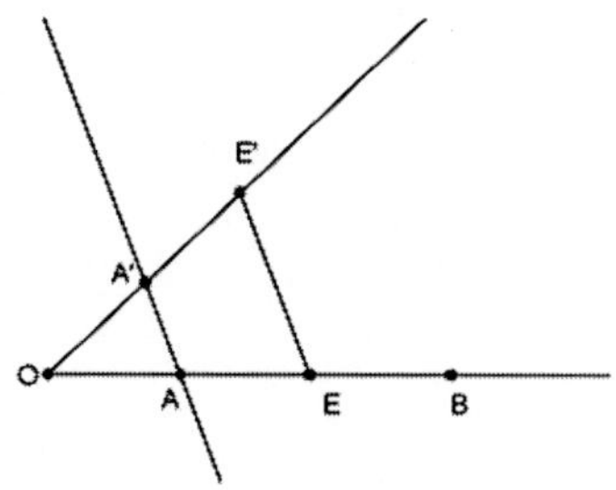

Figura 47: Um ponto B sobre a reta OE[143]

Considere o segmento AA' paralelo ao *segmento-unidade* EE' (figura 48) e conduza por A' uma paralela à reta OE:

[142] Ibid.

[143] Ibid, p. 107.

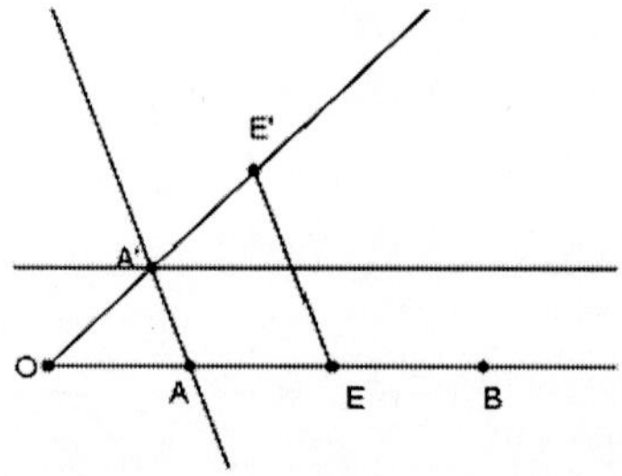

Figura 48: Paralela ao segmento-unidade[144]

Agora, conduza por B uma paralela à reta OE' (figura 49).

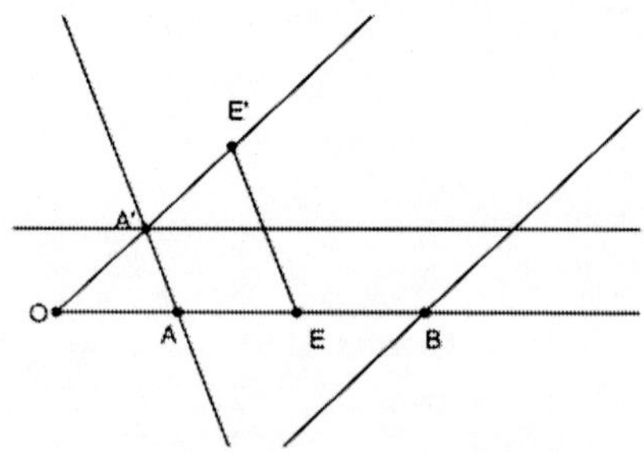

Figura 49: Paralela à reta OE'[145]

Essas retas paralelas se encontram num ponto denotado por A'' (figura 50).

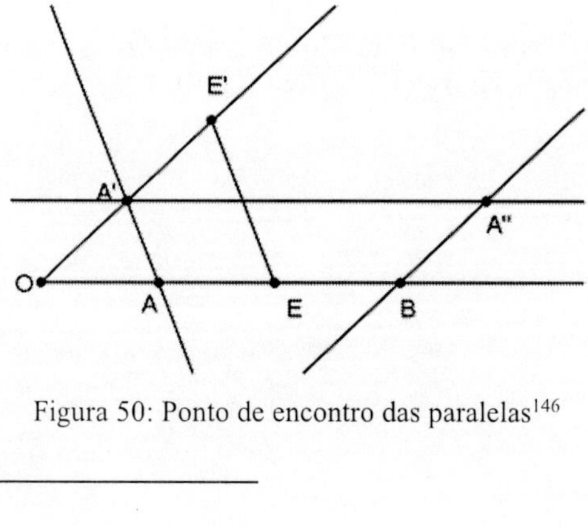

Figura 50: Ponto de encontro das paralelas[146]

---

[144] Ibid, p. 107.

[145] Ibid.

Finalmente, conduza por A'' uma reta paralela ao *segmento-unidade* EE', encontrando C na reta OE e C' na reta OE' (figura 51):

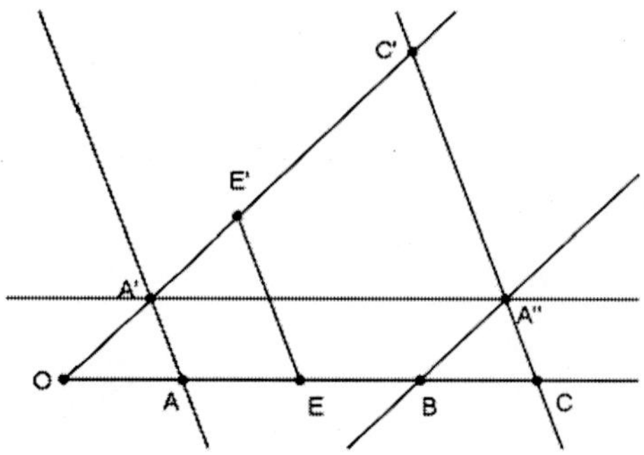

Figura 51: Paralela ao segmento-unidade EE'[147]

Considera-se que $OC = OC' = c$ (figura 51) representa a soma dos segmentos $OA = a$ e $OB = b$. Logo, simbolicamente a soma de a com b pode ser representada por:

$$c = a + b \text{ ou } a + b = c$$

Revelação: Sob a hipótese do teorema de Desargues, que diz:

> Quando dois triângulos estão num plano, de tal modo que cada dois lados correspondentes são paralelos entre si, então as retas de ligação dos vértices correspondentes passam por um mesmo ponto ou são paralelas entre si, e reciprocamente:
>
> Quando dois triângulos estão num plano, de tal modo que as retas que ligam os vértices correspondentes passam por um ponto ou são paralelas entre si, e quando, além disso, dois pares de lados correspondentes dos triângulos são paralelos, então os terceiros lados dos dois triângulos são também paralelos entre si[148].

Poder-se-á obter a soma de dois segmentos, de uma maneira mais geral. O ponto C, que dá a soma $a + b$, sobre aquela reta em que estão A e B, é independente da escolha do *segmento-unidade* EE', inicialmente fixado, ou

---

[146] Ibid.

[147] Ibid.

[148] Hilbert, D. (2003). *Fundamentos da Geometria*. Lisboa: Gradiva.

seja, obtém o ponto C por meio de construções, sem considerar o *segmento-unidade* (ver figura 52).

Comparação: Escolha-se sobre a reta OA' um ponto qualquer $\bar{A}'$, conduza-se por B a paralela a $O\bar{A}'$ e por $\bar{A}'$ a paralela a OB. Essas duas paralelas encontram-se no ponto $\bar{A}''$. Agora, a paralela a $A\bar{A}'$, passando por $\bar{A}''$ encontra a reta OA no ponto C que dá a soma $a + b$.

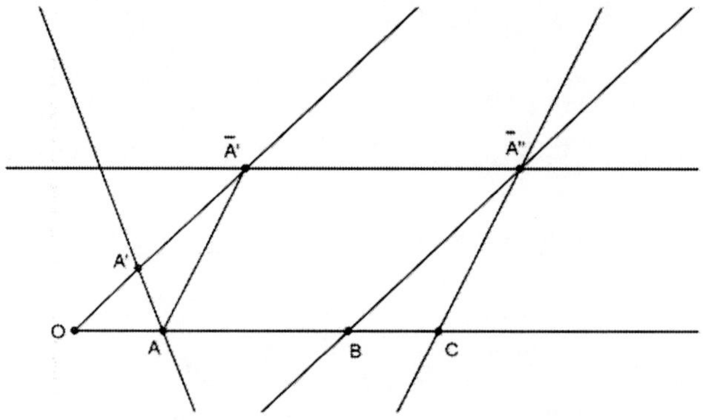

Figura 52: generalizando[149]

Demonstração: Para demonstrar, suponha-se que tanto os pontos A'e A'' como os pontos $\bar{A}'$ e $\bar{A}''$ são obtidos de modo indicado na figura 53:

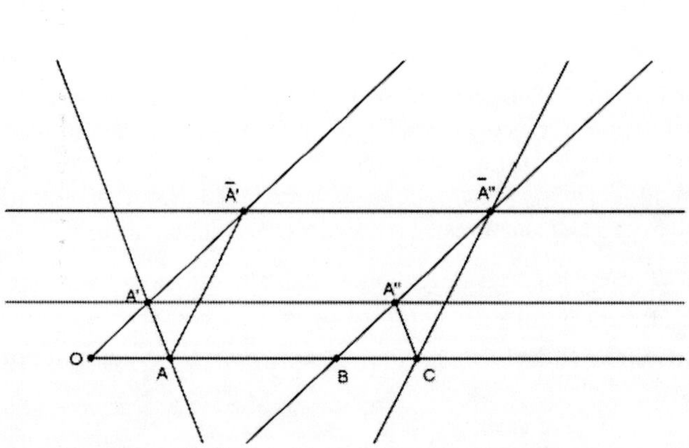

Figura 53: Aplicando o Teorema de Desargues[150]

[149] Cruz, 2018b, p. 107.

Considere que o ponto C esteja determinado sobre OA de tal modo que CA'' seja paralela a AA'. Deve-se então provar que $C\bar{A}''$ é paralela a $A\bar{A}'$. Os triângulos $AA'\bar{A}'$ e $CA''\bar{A}''$ estão dispostos de tal modo que as retas que ligam os vértices correspondentes são paralelas, vistos que, além disso, dois pares de lados correspondentes são paralelos, a saber, $A'\bar{A}'$ e $A''\bar{A}''$, assim como AA' e CA''. Logo, pela afirmação do Teorema de Desargues, também os terceiros lados $A\bar{A}'$ e $C\bar{A}''$ são na verdade, paralelos entre si, o que justifica nossa demonstração.

Este Experimento Mental é muito importante, pois mostra que podemos reificar a ideia de número, passando a considerá-lo como segmento, ou seja, qualquer numeral de um número, digamos real, é um índice de um segmento. Podemos pensar na soma das frações $\frac{1}{3}+\frac{1}{4}$, gerando significado para esta soma, por meio desse processo construtivo. Deixamos a cargo do leitor, desenvolver o experimento que represente a soma $\frac{1}{3}+\frac{1}{4}$.

3.7. Equação da reta que passa por dois pontos

A intenção desta atividade é aplicar um Experimento Mental para escrever a equação da reta que passa pelos pontos A (1,2) e B (2, -1).

Forma: Começamos por representar esses pontos no plano coordenado e traçamos a reta que passa por eles, como pode ser visto na figura 54. Nomearemos a reta por AB. Essa reta corta o eixo vertical (eixo y) no ponto indicado por H.

[150] Ibid, p. 109.

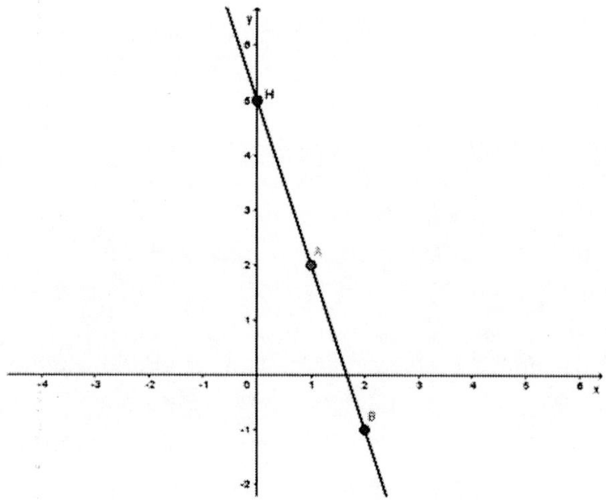

Figura 54: Reta passando por dois pontos[151]

Pegamos um ponto P qualquer na reta e identificamos suas coordenadas como x e y (figura 55). Também, demarcamos o ponto de coordenadas (1,0), o qual chamaremos de unidade.

[151] Imagem produzida pelo próprio autor.

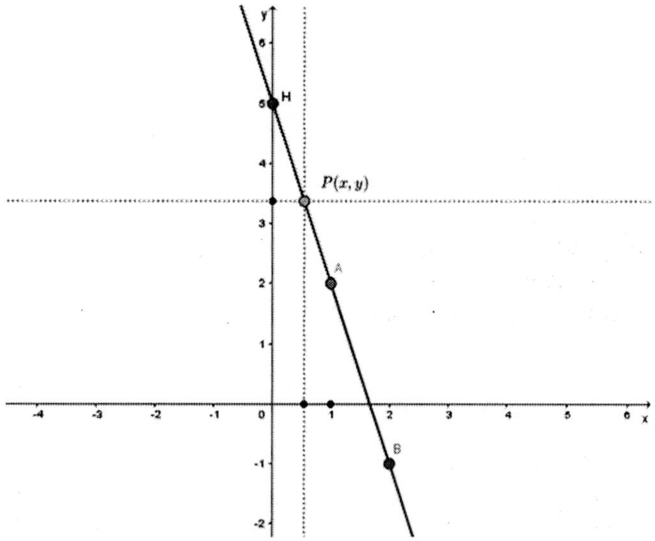

Figura 55: Um ponto qualquer na reta[152]

Estrutura, Compreensão e Dependência: Passando uma paralela à reta AB pelo ponto no eixo horizontal que representa a coordenada x do ponto P e uma reta paralela que passa pela unidade no mesmo eixo e com o auxílio do cálculo de segmentos, baseando-se no teorema de Pascal[153], encontramos os pontos I e J, respectivamente, no eixo vertical (figura 56):

---

[152] Ibid.

[153] **Teorema de Pascal:** "Sejam A, B, C e A' B', C' dois ternos de pontos sobre cada uma das retas que se intersectam num ponto distinto qualquer, respectivamente; se CB' é paralelo a BC' e CA' paralelo a AC', então é também BA' paralelo a AB'"(ver: Hilbert, 2003, p. 52). Com base nesse teorema pode-se constituir um cálculo de segmentos em que o produto de um segmento a, por um segmento b, pode ser construído da seguinte forma: Escolha um segmento fixo qualquer denominando-o por 1. Desloque para um dos lados do ângulo reto, a partir do vértice O, o segmento 1 e, também a partir de O, o segmento b. Em seguida, desloque para o outro lado o segmento a. Trace uma reta de 1 até a e pela extremidade de b, construa uma paralela a essa reta traçada anteriormente, encontrando do outro lado do ângulo o segmento c. Esse segmento c será o produto do segmento a pelo segmento b, representado por $c = ab$.

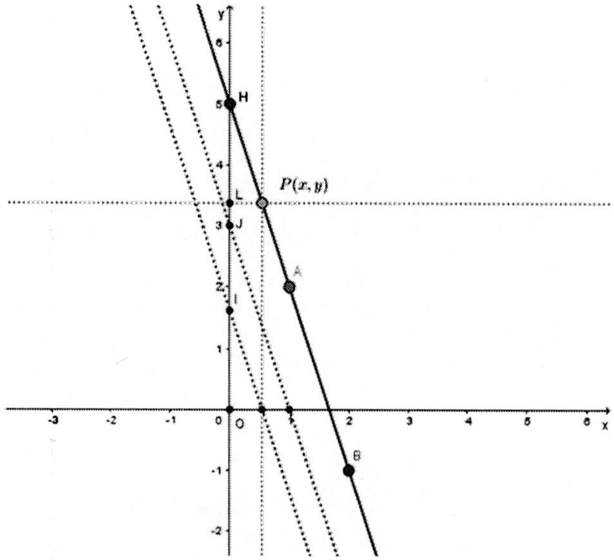

Figura 56: Traçando paralelas[154]

Indicamos o ponto (0,0) por O e para o desenvolvimento do processo dedutivo, marcamos no eixo y o ponto L de coordenadas $(0, y)$.

Fazendo $OJ = a$, podemos encontrar $OI = ax$ no desdobramento do raciocínio diagramático da figura 56, pois,

$$\frac{OJ}{1} = \frac{OI}{x}$$

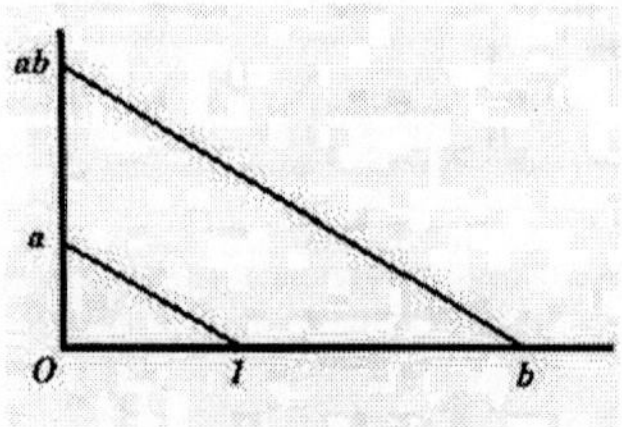

(Hilbert, 2003, p. 59).

[154] Imagem produzida pelo autor.

Considerando

$$OH = c, OL = y \text{ e } OI = ax,$$

deduzimos, pela figura 57, que:

$$OH = OI + OL$$

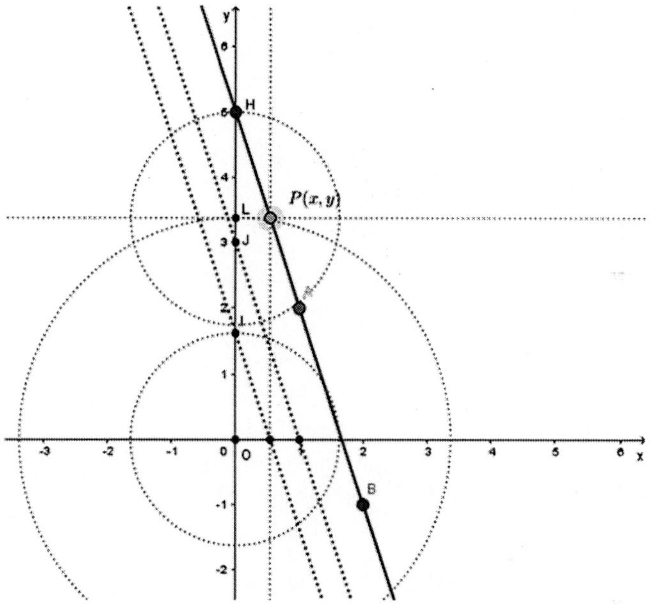

Figura 57: Encontrando a equação[155]

$$c = ax + y$$

Vamos substituir os pontos encontrando os valores de a e c.

Revelação: Para o ponto $A = (1,2)$, $c = a + 2$ e para o ponto $B = (2, -1)$, $c = 2a - 1$, logo, $a = 3$ e c = 5.

Portanto, a equação pedida é

$$5 = 3x + y \text{ ou } y = -3x + 5$$

Comparação: Considerando que a mesma reta passa pelos pontos $A(x_0, y_0)$ e $B(x_1, y_1)$, podemos escrever que:

$$c = ax_1 + y_1 \text{ e } c = ax_0 + y_0$$

[155] Ibid.

Isto nos leva a escrever que

$$ax_1 + y_1 = ax_0 + y_0.$$

Portanto,

$$a = -\frac{y_1 - y_0}{x_1 - x_0} = -m$$

$$a = -m$$

e

$$c = -\frac{y_1 - y_0}{x_1 - x_0}x_1 + y_1 = n$$

Podemos então concluir que

$$n = -mx + y$$

ou

$$y = mx + n$$

(equação reduzida da reta)

Problema[156]: Deixamos para o leitor mais um problema que pode ser resolvido por meio desse Experimento Mental. Encontrar a equação da reta que passa pelo ponto A (2,3) e faz ângulo de 45° com o eixo x.

3.8. Uma atividade sobre áreas de polígonos

Esta atividade é para mostrar que em problemas comuns de Matemática, como o cálculo de áreas de figuras, também é possível aplicar Experimentos Mentais na sua resolução. Cada opção de resolver o problema são tipos distintos de experimentos baseados em contextos teóricos distintos. Nas duas atividades, apresentamos uma mescla das características dos Experimentos Mentais.

Encontre a área do polígono da figura 58 a seguir.

---

[156] Uma proposta de resolução para este problema pode ser encontrada no apêndice 4.

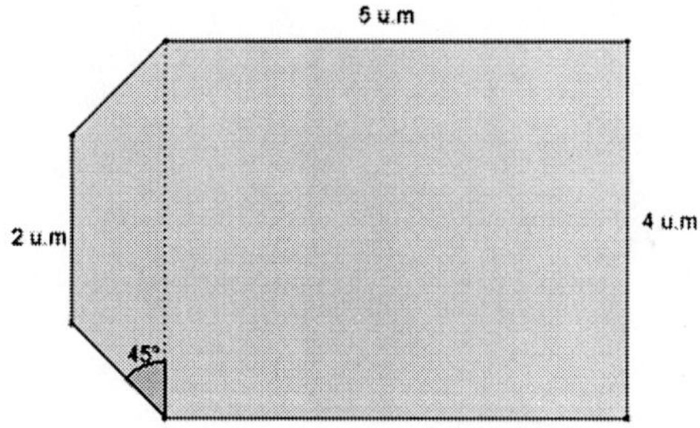

Figura 58: Área do polígono[157]

Forma e Estrutura: **1ª opção:** Um aluno dividiu a "figura 58" em dois triângulos (1 e 3) e dois retângulos (2 e 4), chegando à forma apresentada na figura 59.

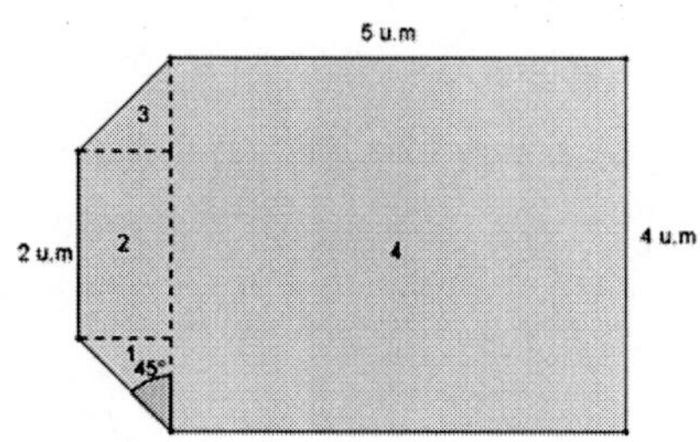

Figura 59: Opção 1[158]

Compreensão, Dependência e Revelação: Percebendo que os dois triângulos são retângulos, isósceles e congruentes (sistema de representação), calculou a medida dos catetos, observando que se tirasse do lado correspondente do retângulo (4), a medida de 2 u.m (u.m = unidade de medida de comprimento), ficaria então sobrando 2 u.m para ser dividida entre os dois segmentos restantes, encontrando 1 u.m para cada um. Na sequência, calculou as áreas dos dois triângulos e as áreas dos dois retângulos.

---

[157] Cruz, 2020, p. 125.

[158] Ibid. p. 134.

$$A_1 = A_3 = \frac{1 \times 1}{2} = \frac{1}{2}u.a, A_2 = 2 \times 1 = 2u.a,, A_4 = 5 \times 4 = 20u.a$$

Portanto, a área total da figura é:

$$A = A_1 + A_2 + A_3 + A_4$$

$$A = \frac{1}{2} + 2 + \frac{1}{2} + 20 = 23u.a$$

(u.a = unidade de medida de área)

Forma e Estrutura: 2ª opção: Outro aluno pensou em completar a "figura 58", formando um grande retângulo e, na sequência, subtrair as áreas de dois triângulos retângulos isósceles congruentes, como podemos verificar na figura 60.

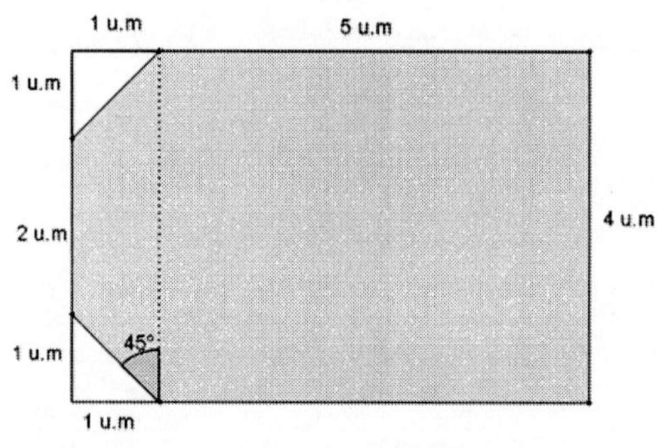

Figura 60: Opção 2[159]

Compreensão, Dependência e Revelação: Completando a figura 60, ele construiu um retângulo maior. Percebeu que os lados a mais do retângulo eram lados de um triângulo retângulo isósceles. Por meio da trigonometria (sistema de representação), chegou à conclusão que os catetos desses triângulos medem 1 u. m. cada.

Concluiu que:

$\boldsymbol{A = A_{retângulo\ maior} - 2A_{triângulo}}.$

---

[159] Ibid, p. 135.

Logo,

$$A = 6 \times 4 - 2\frac{1 \times 1}{2} = 24 - 1 = 23u.a$$

De acordo com Cruz[160], nos Experimentos Mentais, o sujeito pensa e estabelece o contexto, compreendendo a matemática como uma atividade, uma construção à base de possibilidades. Esse mesmo autor conclui que "nas ciências naturais, os Experimentos Mentais são importantíssimos para a descoberta de novas leis e teorias. Sua aplicação na Matemática é uma questão de descoberta, mas há um problema em relação à fundamentação"[161]. Por esse motivo, estruturamos tais experimentos em características das quais destacamos a "dependência", isto é, o contexto teórico de base que ajuda na organização e comunicação dos resultados.

3.9. Regra de Binet

Neste tópico, vamos aplicar um Experimento Mental para mostrar a relação conhecida nas operações de matrizes como relação de Binet[162], dada pela forma:

$$det(A \cdot B) = det(A) \cdot det(B).$$

Forma e Estrutura: Para este Experimento, vamos considerar matrizes quadradas de ordem 2, cujo módulo de seu determinante seja a área de um paralelogramo. Cada linha da matriz representará as coordenadas das extremidades dos vetores que constituirão os lados do paralelogramo, considerando um dos vértices, a origem do sistema.

Considerando as matrizes, por exemplo:

$$A = \begin{bmatrix} 2 & -1 \\ 1 & 2 \end{bmatrix} \; e \; B = \begin{bmatrix} 0 & 1 \\ 3 & -2 \end{bmatrix}.$$

a.1. Vamos analisar antes uma propriedade bastante conhecida no ensino básico. Esta propriedade diz que se substituirmos uma linha i da matriz A, por exemplo, pela adição de um múltiplo de uma linha j com a linha i, o determinante não altera.

$$l_i \to l_i + kl_j \Rightarrow detA = detC.$$

[160] Cruz, 2018.

[161] Cruz, 2019, p. 25; 26.

[162] Esta regra de Binet foi assim nomeada em função dos trabalhos do matemático, astrônomo e físico francês Jacques Philippe Marie Binet (1786 - 1856).

Compreensão: Como as linhas da matriz representam as coordenadas do lado de um paralelogramo, vamos iniciar com a propriedade na linha da matriz A, encontrando a matriz C que será formada pela primeira linha da matriz A e a segunda linha dessa nova matriz será igual a $l_2 + 2l_1$ de A.

Portanto,

$$C = \begin{bmatrix} 2 & -1 \\ 5 & 0 \end{bmatrix}$$

Marquemos os pontos coordenados (2,-1) e (1,2) encontrando os vetores com origem na origem do sistema e extremidades nos pontos coordenados, linhas da matriz A, como na figura 61.

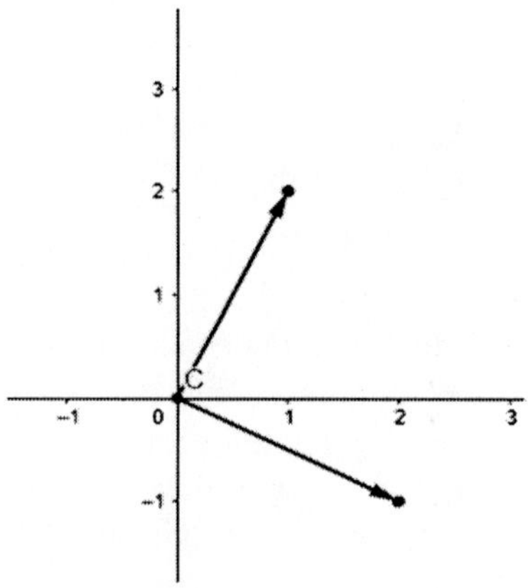

Figura 61: Linhas da matriz[163]

Por meio de retas paralelas, vamos determinar o paralelogramo que indicaremos por A. (figura 62).

[163] Imagem produzida pelo próprio autor.

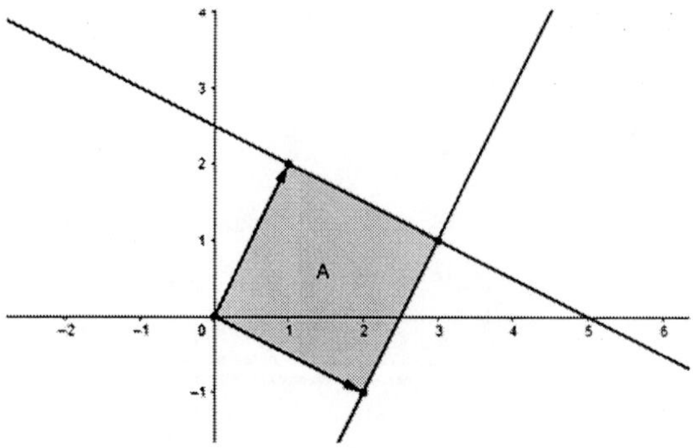

Figura 62: Paralelogramo A[164]

Calculando a área do paralelogramo A temos: (figura 63).

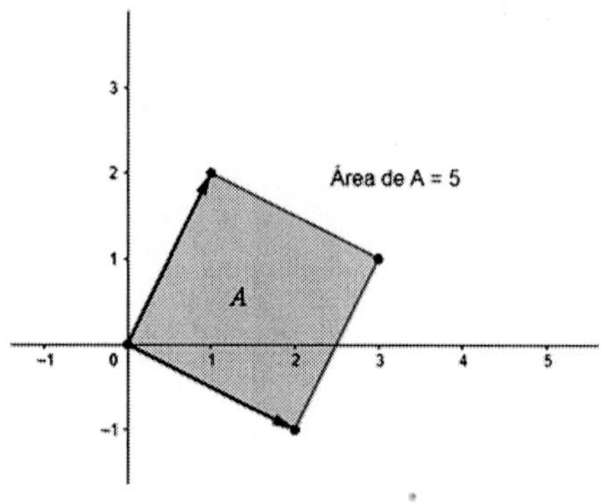

Figura 63: Área do paralelogramo A[165]

Use o mesmo procedimento para a matriz C. Verificamos na figura 64 que a área do paralelogramo C é igual à área do paralelogramo A.

[164] Ibid.

[165] Ibid.

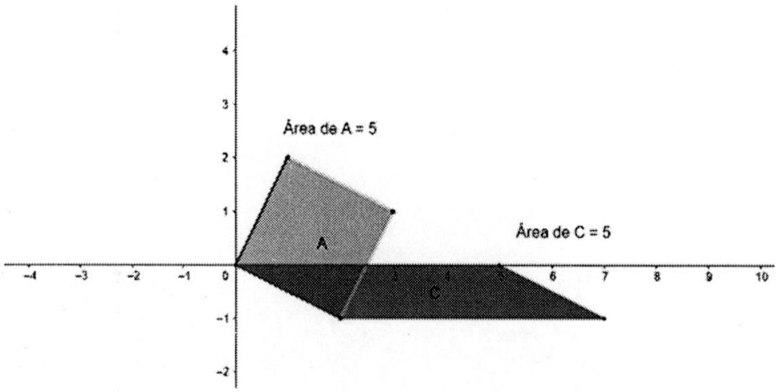

Figura 64: Áreas iguais[166]

Revelação: Adicionar um múltiplo de cada linha à outra linha, não altera o determinante, logo, podemos concluir que a prova da área do paralelogramo pode ser vista como o módulo do produto vetorial[167] de seus lados, generalizando o caso.

a.2. Mostrar que $det(A \cdot B) = det(A) \cdot det(B)$.

Vamos encontrar a matriz produto $A \cdot B$ pelo método de multiplicação de matrizes já conhecido. Logo, temos:

$$A \cdot B = \begin{bmatrix} 2 & -1 \\ 1 & 2 \end{bmatrix} \cdot \begin{bmatrix} 0 & 1 \\ 3 & -2 \end{bmatrix} \Rightarrow$$

$$A \cdot B = \begin{bmatrix} 2 \cdot 0 + (-1) \cdot 3 & 2 \cdot 1 + (-1)(-2) \\ 1 \cdot 0 + 2 \cdot 3 & 1 \cdot 1 + 2(-2) \end{bmatrix} = \begin{bmatrix} -3 & 4 \\ 6 & -3 \end{bmatrix}$$

---

[166] Ibid.

[167] Sejam os vetores $\vec{u}$ e $\vec{v}$ no R^3. O produto vetorial entre os vetores $\vec{u} = a_1\vec{i} + b_1\vec{j} + c_1\vec{k}$ e $\vec{v} = a_2\vec{i} + b_2\vec{j} + c_2\vec{k}$ tomados nesta ordem e representado por $\vec{u} \times \vec{v}$, é o vetor: $\vec{u} \times \vec{v} = (b_1\,c_2 - c_1\,b_2, -a_1\,c_2 + c_1\,a_2\ , a_1\,b_2 - a_2\,b_1)$. Uma discussão interessante seria como pensar no produto vetorial em R^2, pois nossos vetores são, por exemplo, $(2,-1)$ e $(5,0)$. Na verdade, estamos considerando esses vetores em R^3 quando transpomos a ideia da área do paralelogramo para o módulo do produto vetorial, isto é, $(2,-1) \Rightarrow (2,-1,0)$ e $(5,0) \Rightarrow (5,0,0)$. Fazendo o produto vetorial chegamos ao vetor $(-1 \cdot 0 - 0 \cdot 0, -2 \cdot 0 + 0 \cdot 0\ , 2 \cdot 0 - 5 \cdot (-1)) = (0,0,5)$. O módulo desse produto vetorial é dado por $\sqrt{0 + 0 + 5^2} = 5$.

Forma, Estrutura, Dependência, Compreensão: Vamos representar na figura 65 os módulos dos determinantes das matrizes A, B e $A \cdot B$ como áreas de paralelogramos.

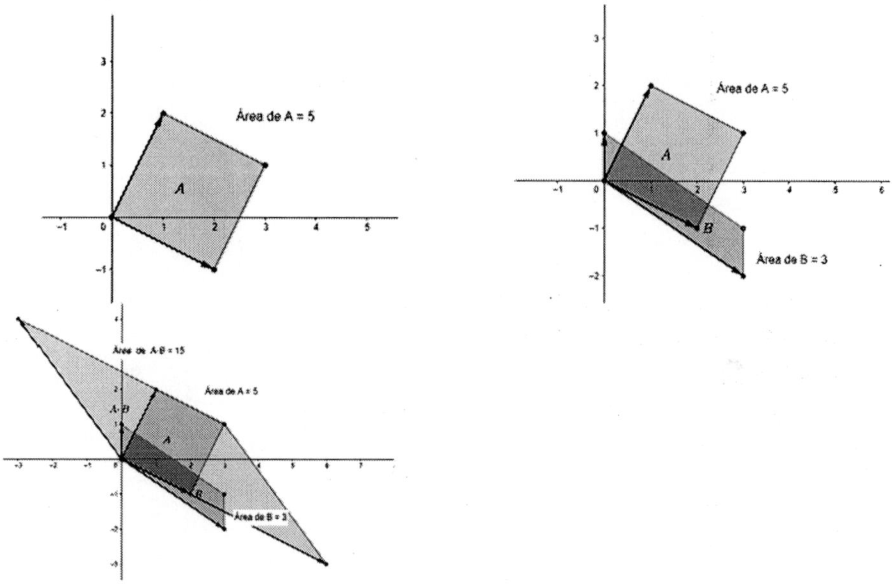

Figura 65: Teorema de Binet[168]

Revelação e comparação: Pelo experimento visto na figura 65, a Área de $A \cdot B$ é igual a área de A multiplicada pela área de B. Como as áreas são os módulos dos determinantes das matrizes, então podemos escrever que:

$$|det(A \cdot B)| = |det(A)| \cdot |det(B)|.$$

Mas esta regra só seria válida para determinantes na condição dada? O nosso experimento revela que apenas em módulo a relação é verdadeira, mas, numa ampliação das ideias, vamos verificar que para quaisquer determinantes, a regra conhecida como de Binet será verdadeira. Isto é:

$$\boldsymbol{det(A \cdot B) = det(A) \cdot det(B)}.$$

3.10. A soma dos ângulos externos de um triângulo

Nesta atividade, vamos aplicar os Experimentos Mentais no intuito de mostrar que a soma dos ângulos externos de um triângulo é 360° e

[168] Imagem produzida pelo autor.

generalizar essa afirmação para outros polígonos também. A ideia não é partir dos ângulos internos para se chegar ao resultado da soma dos ângulos externos, mas construir, a base de um pensamento especulativo, esta soma.

Proposição: Provar que a soma das medidas dos ângulos externos de um triângulo é 360°. Inicialmente, faremos um resgate do modo mais tradicional de encontrar a soma dos ângulos externos de um triângulo. Esse modo baseia-se na soma dos ângulos internos e opera da forma seguinte.

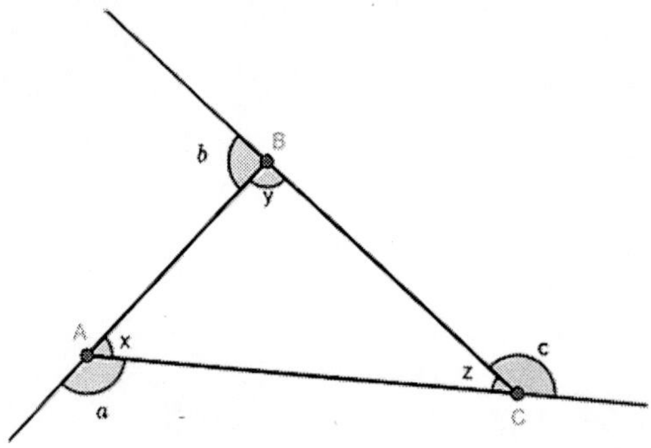

Figura 66: Ângulos no triângulo[169]

Na figura 66, estendemos os lados do triângulo, identificando os ângulos externos e indicando-os por a, b e c. Também indicamos os ângulos internos por x, y e z. Já sabendo que a soma dos ângulos internos do triângulo euclidiano é 180° e verificamos que:

$$a + x = 180°;\ b + y = 180°\ \ e\ \ c + z = 180\ e\ x + y + z = 180°$$

Somando membro a membro das igualdades anteriores vamos chegar aos resultados seguintes:

$$(a + b + c) + (x + y + z) = 540°$$

$$a + b + c = 360°$$

Este processo tradicional, já pressupõe conhecimentos acerca da soma dos ângulos internos de um triângulo euclidiano e faz o confronto de ideias e relações. Classificamos esta demonstração como um tipo de dedução ilativa, pois retiramos do diagrama, sem modificá-lo, a verdade da conclusão. Já nos Experimentos Mentais, utiliza-se um pensamento especulativo, uma dedução teoremática. Partimos então para o experimento.

---

[169] Ibid.

Forma: Para provar que a soma das medidas dos ângulos externos de um triângulo é 360°, um aluno procedeu da seguinte maneira: *"Se você caminhar por toda a volta sobre a linha do triângulo e terminar olhando o caminho por onde começou, você deve ter girado um total de 360°"(ver, figura 67).*

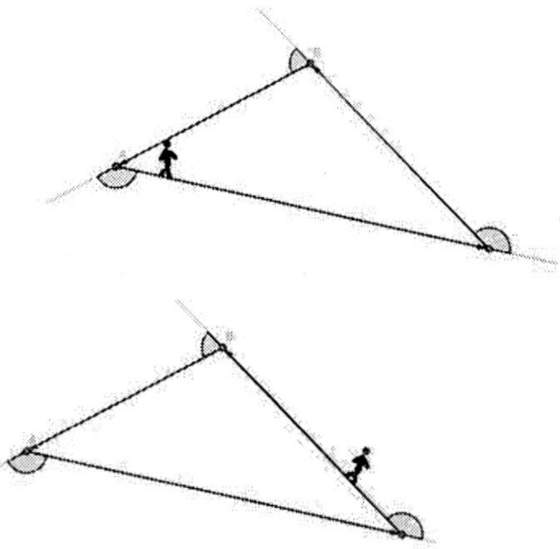

Figura 67: Caminhando pelos lados do triângulo[170]

Estrutura: Uma ideia nova pode ser representada na figura 68. Este caminhar pelos lados do triângulo é o mesmo que dar uma volta completa em torno de si mesmo, sobre um ponto determinado no interior do triângulo.

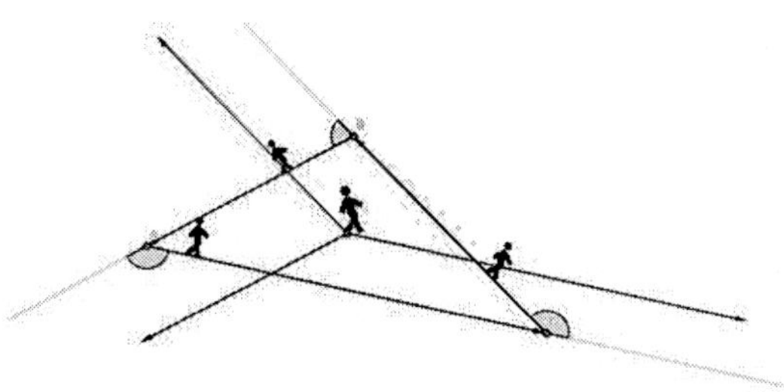

Figura 68: Girando em torno do próprio eixo[171]

---

170 Ibid.

Compreensão, Dependência e Revelação: O caminho percorrido em cada lado, descreve um vetor que pode ter como representante segmentos orientados equipolentes[172] com a origem no ponto de giro demarcado no interior do triângulo. Esses vetores formam ângulos equivalentes aos ângulos externos do triângulo, em função do paralelismo que os lados apresentam com esses vetores representantes. Esses ângulos juntos formam um ângulo de uma volta, isto é, um ângulo cuja medida é 360°, como podemos verificar na figura 69.

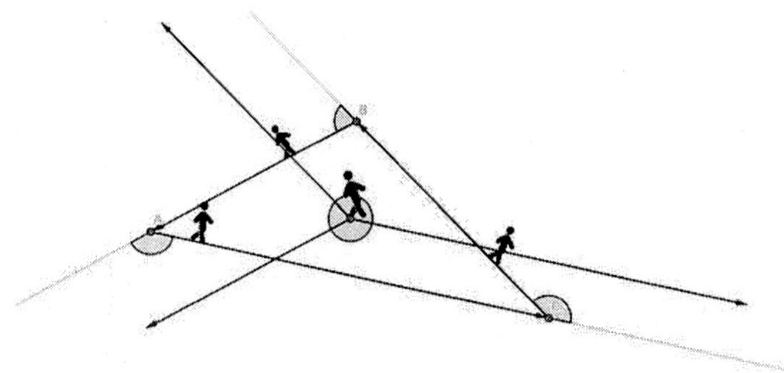

Figura 69: Soma dos ângulos externos[173]

Comparação: Podemos estender este experimento para compreensão da soma dos ângulos externos de outros polígonos, mostrando que a soma dos ângulos externos de qualquer polígono é 360°. A figura 70 é um exemplo de quadriláteros, mas podemos pensar em outros polígonos também.

---

[171] Ibid.

[172] Segmentos orientados equipolentes são segmentos que têm a mesma direção, sentido e módulo.

[173] Imagem produzida pelo próprio autor.

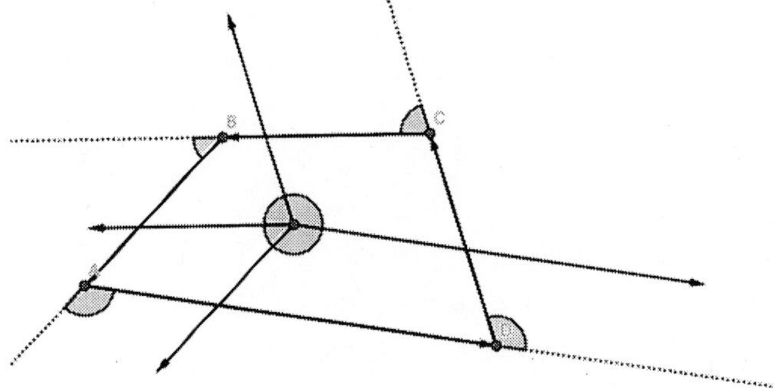

Figura 70: Soma dos ângulos externos 360°[174]

3.11. Uma sequência numérica

O objetivo deste Experimento é mostrar um contraste entre o pensamento matemático formal e o processo intuitivo no desenvolvimento de uma dada atividade. Nos permite também pensar que a explicação de certos conceitos exige uma intuição.

Mostrar que

(a): $S(n) = 1 + 2 + 3 + \cdots + n$ é igual a $s(n) = \frac{n(n+1)}{2}$.

Podemos fazer esta demonstração por três formas: 1- Indução Matemática; 2 – Sequência Numérica; 3- Por Experimento Mental

1 – Indução Matemática[175]

Neste processo mostra que é válido para $n = 1$, isto é, $S(1) = 1 = \frac{1(1+1)}{2}$ e se é válido para n então será valido para $n + 1$. Somando membro a membro da igualdade (a) por $n + 1$, observa-se o resultado. Este resultado é o mesmo se substituirmos n, por $n + 1$ no segundo membro da igualdade (a), mostrando a validade da relação.

$$1 + 2 + 3 + \cdots + n + (n + 1) = \frac{\mathrm{n}(\mathrm{n} + 1)}{2} + (n + 1)$$

---

[174] Ibid.

[175] Courant e Robbins escrevem "que a indução matemática é utilizada para demonstrar a veracidade de um teorema matemático em sequência infinita de casos, o primeiro, o segundo, o terceiro, e assim por diante sem exceção. Este princípio repousa no fato de que após qualquer inteiro r existe um seguinte $r + 1$, e que qualquer inteiro n desejado pode ser alcançado por um número finito de tais etapas, a partir de 1" (2000, p. 12, 13).

$$1 + 2 + 3 + \cdots + n + (n + 1) = \frac{(\mathrm{n} + 1)(n + 2)}{2}$$

II – Sequência numérica

Considere as sequências

(a): $1 + 2 + 3 + \cdots + n = s$

e

$$(b): n + (n - 1) + (n - 2) + (n - 3) + \cdots + 1 = s$$

Vamos somar a sentença (a) pela sentença b, chegando a um sistema

$$(a) + (b): \begin{cases} n + (n - 1) + \cdots + 1 = s \\ 1 \quad + 2 + \cdots + n = s \end{cases}$$

Desta soma, mostramos que o valor de s é:

$$(n + 1) + (n + 1) + \cdots + (n + 1) = 2s$$

$$\frac{n(n + 1)}{2} = s$$

III – Experimento Mental

Forma: Considere o quadrado da figura 71 no qual colocamos n pontos em um dos lados e n pontos ao longo de sua diagonal.

Figura 71: O quadrado[176]

Estrutura: Uma ideia nova surge do quadrado (figura 72). Encontramos um triângulo retângulo isósceles cuja quantidade de pontos é dada por

$$s(n) = 1 + 2 + 3 + \cdots + n$$

[176] Imagem produzida pelo próprio autor.

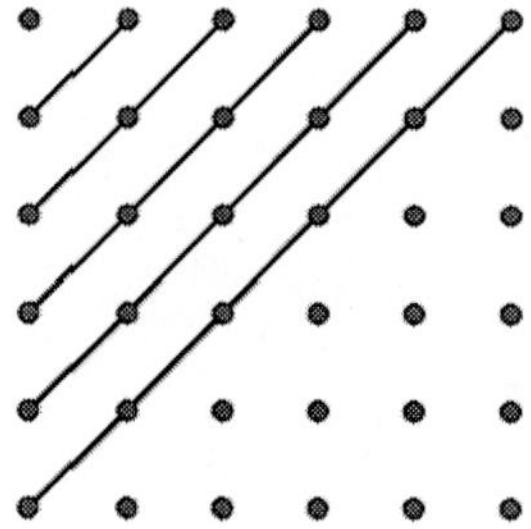

Figura 72: A sequência e o quadrado[177]

Compreensão, Dependência e Revelação: Percebe-se que no quadrado há dois desse triângulo retângulo isósceles, portanto, a quantidade de pontos do quadrado pode ser dada pela soma de pontos dos triângulos descontando a diagonal, já que vai aparecer como hipotenusa duas vezes.

$$s(n) + s(n) = q(quantidade\ de\ pontos\ do\ quadrado) + n$$

$$q = n^2$$

$$2s(n) = n^2 + n$$

$$s(n) = \frac{n(n+1)}{2}$$

Uma observação importante é que nesse experimento, os números $1, 2, \ldots, n$ se transformaram em quantidades de pontos, ganhando assim, ao nosso ver, consistência. Por este motivo, acreditamos que os Experimentos Mentais trazem mais explicações para os problemas apresentados.

3.12. Os números reais e a desigualdade triangular

Como um sistema de atividades supostas, o processo de Experimentação Mental tem a vantagem de permitir passar de um campo matemático algébrico para um campo geométrico ou vice-versa. O objetivo deste Experimento é mostrar a possibilidade de caminhar por dois campos matemáticos distintos para mostrar a validade da inequação dada.

O problema apresenta uma inequação válida para quaisquer números reais indicados por a, b, c, d, e e f. A inequação é:

[177] Fonte original: Steiner, M. (1978). *Mathematical Explanation.* Philosophical Studies, 34. Valery (no year). Leonardo, Insel Verlag Frankfurt, p. 135 – 151.

$$\sqrt{(a-c)^2+(b-d)^2} \leq \sqrt{(a-e)^2+(b-f)^2} + \sqrt{(c-e)^2+(d-f)^2}$$

Por meio de um Experimento Mental vamos mostrar a coerência deste argumento.

Forma: Considere três pares de coordenadas retangulares $(a, b), (c, d) e\ (e, f)$ de três pontos A, C e B, respectivamente, representados na figura 73.

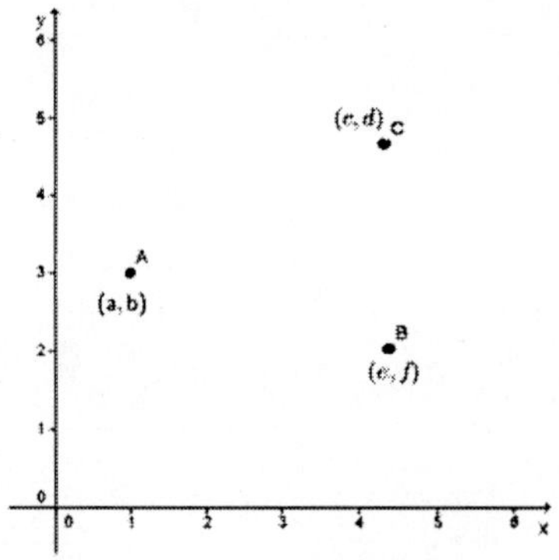

Figura 73: Números reais e coordenadas cartesianas[178]

Estrutura: Esses pontos são vértices de um triângulo que indicaremos por triângulo ABC, do qual vamos calcular as medidas de seus lados (figura 74).

[178] Imagem produzida pelo próprio autor.

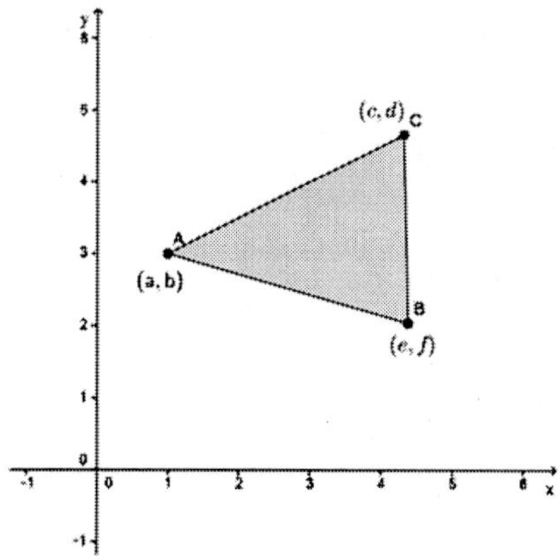

Figura 74: Desigualdade triangular[179]

Compreensão e dependência: Deduzindo o processo, verificamos que as medidas dos lados do triângulo ABC são dadas pelas medidas das distâncias entre os pontos A, B e C, ou seja:

$\overline{AC} = \sqrt{(a-c)^2 + (b-d)^2}$; $\overline{AB} = \sqrt{(a-e)^2 + (b-f)^2}$ e $\overline{CB} = \sqrt{(c-e)^2 + (d-f)^2}$.

Como as três medidas formam um triângulo, então vale a desigualdade triangular, isto é:

$$\overline{AC} < \overline{AB} + \overline{BC}$$

Revelação: Se $a = 1, b = 2, c = 3, d = 4, e = 5$ e $f = 6$, a desigualdade triangular ainda será válida? Como justificar se os pontos ficam alinhados como na figura 75? Para os pontos alinhados, consideramos que:

$$\overline{AC} = \overline{AB} + \overline{BC}$$

179 Ibid.

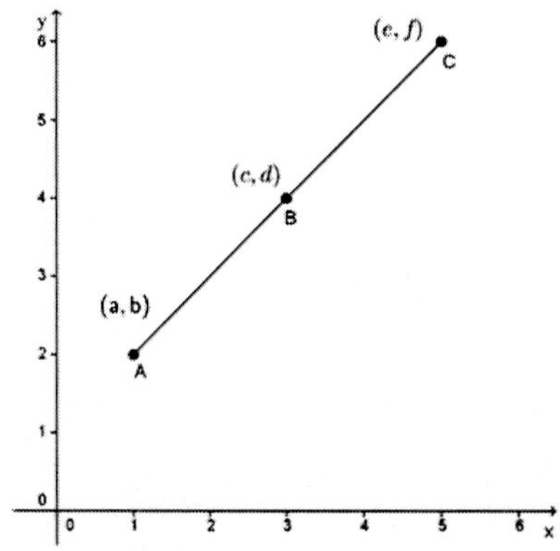

Figura 75: Pontos alinhados[180]

Portanto, podemos concluir que:

$$\overline{AC} \leq \overline{AB} + \overline{BC}$$

$$\sqrt{(a-c)^2 + (b-d)^2} \leq \sqrt{(a-e)^2 + (b-f)^2} + \sqrt{(c-e)^2 + (d-f)^2}.$$

3.13. Existe $\sqrt{-1}$?

Existe $\sqrt{-1}$? Não existe número real tal que o quadrado seja igual a -1. E esta é a razão para dizermos que $\sqrt{-1}$ não existe. Este Experimento Mental tem o objetivo de trazer a existência da $\sqrt{-1}$, por meio de um sistema coordenado. Para tal empreendimento, utilizaremos o software de geometria dinâmica Geogebra.

3.13.1. Adição de números complexos

Forma: Suponha o número complexo $a + bi$ como ponto no plano coordenado xOy, isto é, $a + bi = (a, b)$, como na figura 76.

[180] Ibid.

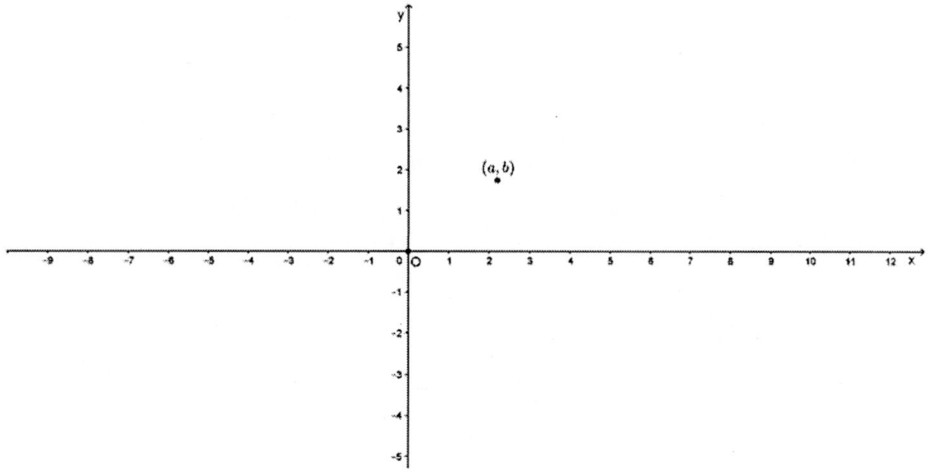

Figura 76: Complexo a+bi[181]

Desta forma, qualquer número complexo pode ser determinado por uma coordenada no plano e qualquer ponto no plano pode ser indicado por um número complexo.

Forma, Estrutura e Compreensão: Adição: Para exemplificar, vamos adicionar os números complexos $z_1 = 2 + i\ e\ z_2 = -3 + 2i$. Começamos por representar os complexos z_1 e z_2 pelos pontos (2,1) e (-3,2) respectivamente e, na caixa de entrada do Geogebra, digitamos a soma desses pontos ou vetores. O resultado da adição é o ponto que nomeamos como $z_1 + z_2$ (figura 77).

[181] Ibid.

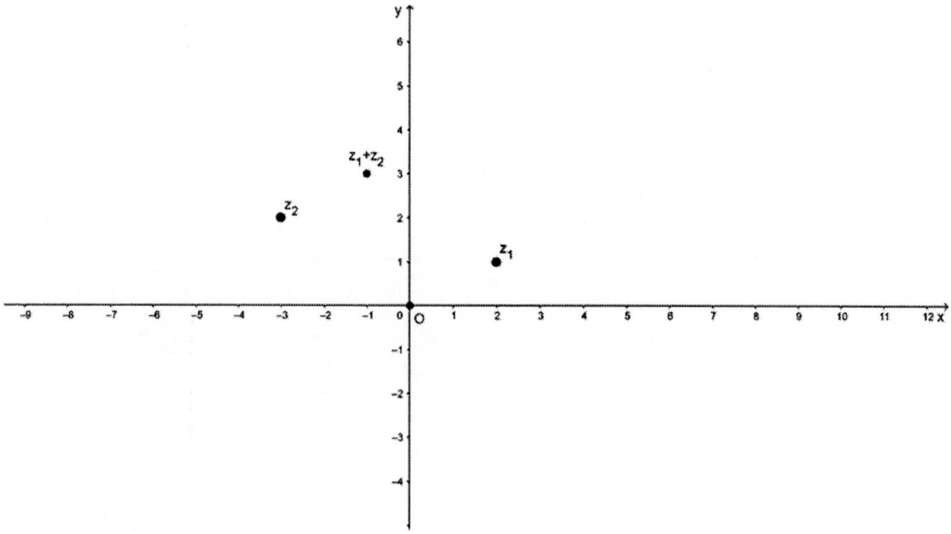

Figura 77: Soma de complexos[182]

Estrutura, Compreensão, Dependência e Revelação: Tomamos o vetor $\overrightarrow{Oz_2}$ e verificamos na figura 78 que $z_1 + z_2$ é o resultado da translação de z_1 segundo o vetor $\overrightarrow{Oz_2}$.

[182] Ibid.

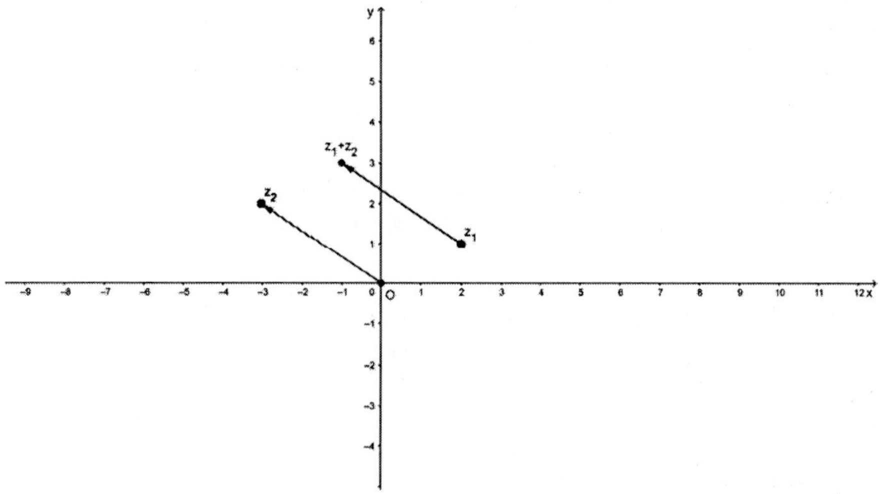

Figura 78: Deslocamento[183]

Isto acontece da mesma forma, se tomarmos o vetor $\overrightarrow{Oz_1}$ e transladarmos z_2 segundo esse vetor. Portanto, adição de dois números complexos significa deslocamento (figura 78). Se movimentarmos z_1 ou z_2, vamos perceber que a mesma operação será válida, quaisquer que sejam z_1 e z_2. Isto significa que para somar um número complexo z_1 com um número complexo z_2, deslocamos ou transladamos z_1 segundo o vetor com origem na origem do plano coordenado e extremidade em z_2, ou vice-versa.

3.13.2 Multiplicação de números complexos

Forma, Estrutura e Compreensão: Para a multiplicação, procedemos inicialmente, da mesma forma que a adição, isto é, marcamos os complexos z_1 e z_2 no Geogebra e em seguida, na caixa de entrada indicamos a multiplicação desses dois números.

Vamos multiplicar, por exemplo, os números complexos $z_1 = 2 + i$ e $z_2 = -3 + 2i$.

[183] Ibid.

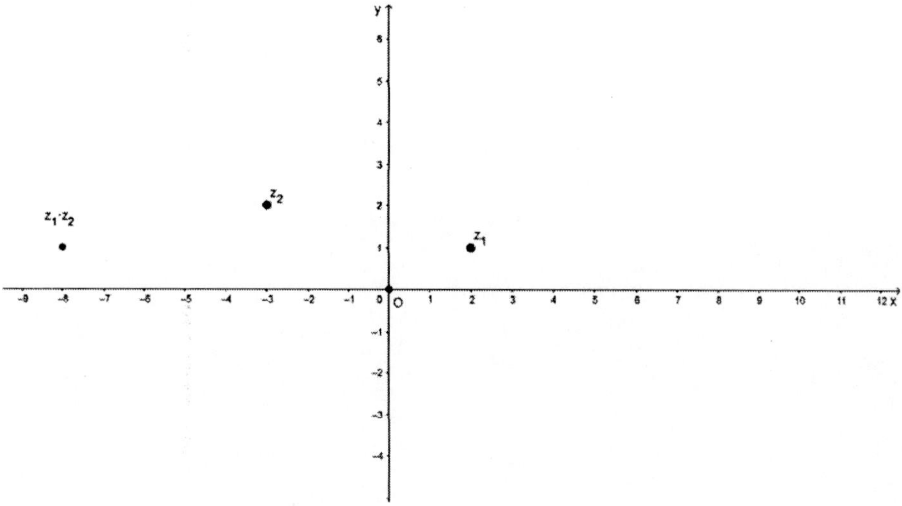

Figura 79: Multiplicação de números complexos[184]

Estrutura, Compreensão, Dependência e Revelação: Um dado interessante que percebemos na figura 79, é que o ângulo formado entre os vetores $\overrightarrow{Oz_1}$ e $\overrightarrow{Oz_1 \cdot z_2}$ é igual ao ângulo formado pelo eixo Ox (positivo) e o vetor $\overrightarrow{Oz_2}$. Consideramos esses ângulos sempre no sentido anti-horário. Portanto, de z_1 para a linha do resultado $z_1 \cdot z_2$ houve uma rotação em torno da origem cujo ângulo de rotação é formado pela parte positiva do eixo Ox e o vetor $\overrightarrow{Oz_2}$ (figura 80).

[184] Ibid.

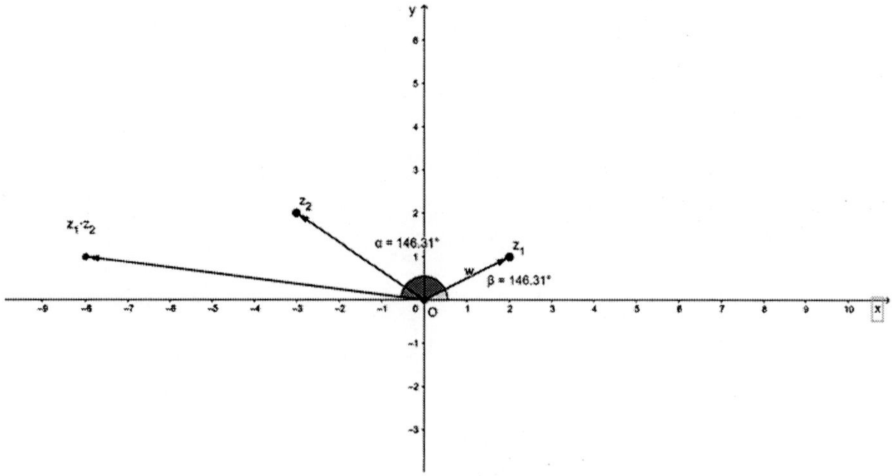

Figura 80: Rotação[185]

Revelação e Comparação: Mas para chegar à multiplicação de fato, percebemos que em relação ao resultado da rotação, o ponto foi deslocado a partir da origem, uma quantidade de vezes correspondente à norma do vetor $\overrightarrow{Oz_2}$. Esta transformação, apresentada na figura 81, chamamos de homotetia.

[185] Ibid.

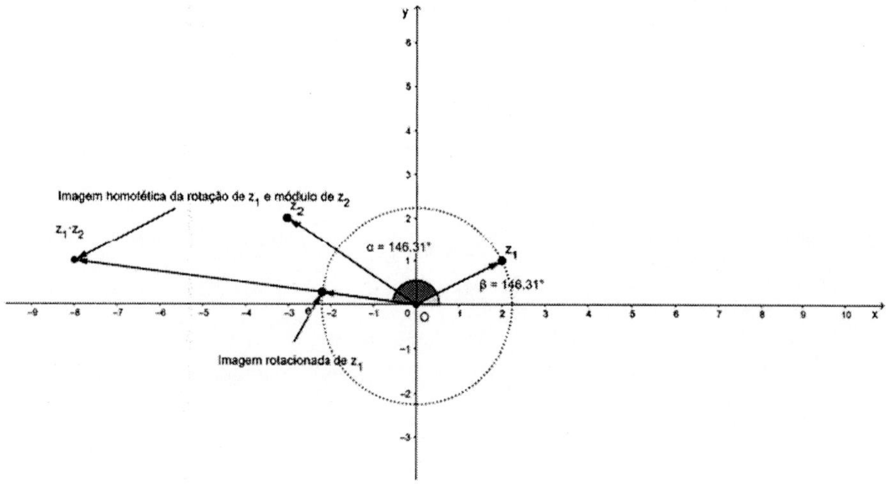

Figura 81: Rotação seguida de homotetia[186]

Portanto, multiplicar significa girar e esticar. Essas transformações acontecem mesmo se movimentarmos no Geogebra z_1 e z_2. Isto quer dizer que fazemos uma rotação em torno da origem do plano coordenado e uma homotetia do resultado da rotação.

3.13.3 Raiz quadrada de -1

Passamos agora a discutir, com base na operações e nas conceituações dadas, a multiplicação do número complexo $z_3 = i$, por ele mesmo. Note que $i = 0 + 1i$, evidenciando que $x = 0$ e $y = 1$.

186 Ibid.

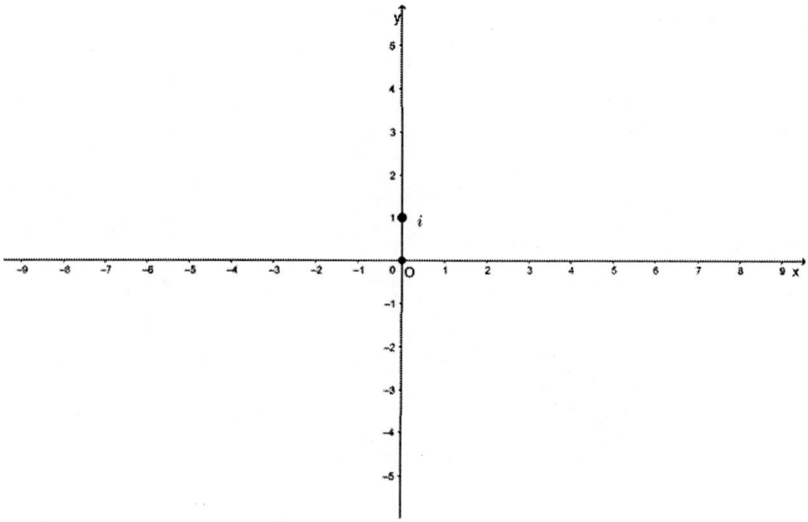

Figura 82: O número i[187]

O ponto correspondente a i está localizado no eixo y como podemos observar na figura 82. Podemos chamar o eixo y de eixo imaginário. A unidade imaginária i está lá, acima da origem. O eixo x é chamado de eixo real. A norma do vetor que vai da origem ao ponto i é igual a 1 e o ângulo que ele faz com eixo real (parte positiva do eixo real) é 90°.

Multiplicando $i \times i$, faremos uma rotação do vetor de extremidade em i sob um ângulo de 90° em torno da origem do sistema coordenado e uma homotetia de razão igual a 1, chegando ao resultado representado na figura 83.

[187] Imagem produzida pelo próprio autor.

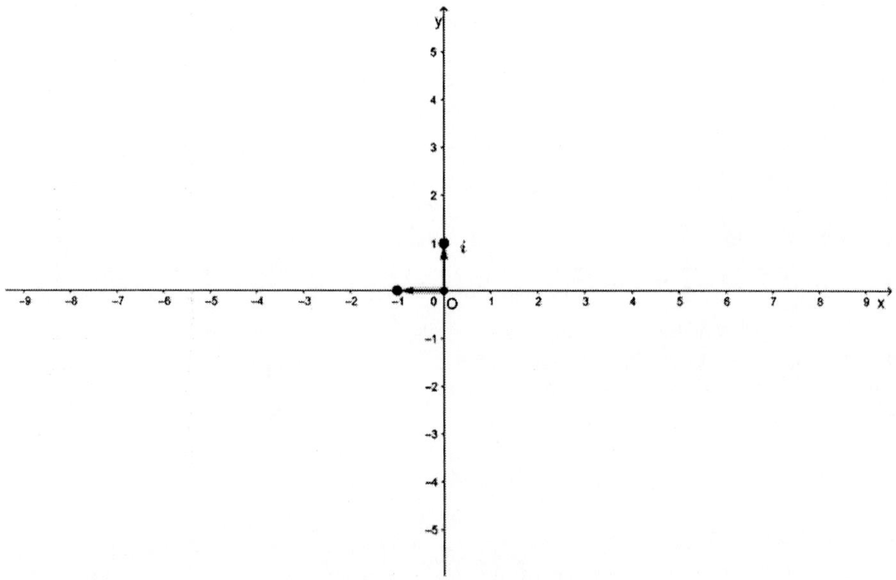

Figura 83: O produto de ixi[188]

O experimento nos indica que $i \times i = i^2$ está no eixo real a uma unidade à esquerda da origem. Isto mostra que o resultado é o ponto de coordenadas $(-1{,}0)$. Portanto, o número complexo resultado desta multiplicação é $-1 + 0i$, ou simplesmente -1. Mostramos então, com este experimento, que geometricamente $i^2 = -1$, ou mais especificamente $i = \sqrt{-1}$.

O professor Reuben Hersh[189] escreve que a geometria era a parte da matemática mais venerada e que a identificação dos números complexos por meio da geometria deu mais respeito a esses números. Portanto, acreditamos que esse Experimento Mental cumpriu o seu papel.

3.14. Quanto é $(-1) \times (-1)$?

Neste experimento, vamos buscar uma explicação para as multiplicações $(+1) \times (-1)$ *e* $(-1) \times (-1)$. Esta explicação mostra algumas

[188] Ibid.

[189] Hersh, R. (1997). *What is Mathematics really*? Oxford University Press, Inc.

contradições importantes para o desenvolvimento da capacidade cognitiva no ensino e respectivamente na aprendizagem deste tema em Matemática.

Forma: Iniciamos supondo que os números -1 e 1 sejam objetos (pontos) de uma reta, opostos simetricamente em relação ao ponto 0 chamado de centro de simetria, como pode ser visualizado na figura 84.

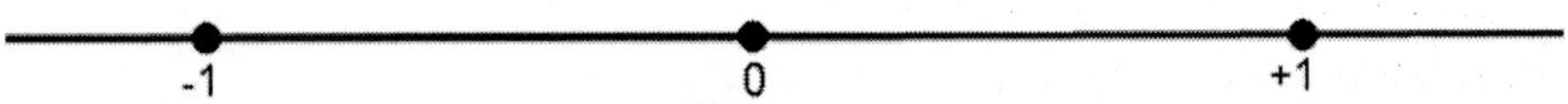

Figura 84: Pontos simétricos[190]

Isto é, dois pontos dizem-se simétricos se têm a mesma direção, sentidos opostos e o mesmo comprimento em relação ao centro de simetria. Um caso particular é que todo ponto é simétrico a si mesmo.

Estrutura, Compreensão e Dependência: Retomando o Experimento Mental supracitado, vamos considerar que multiplicar por (-1) (fator de simetria), é encontrar o simétrico do número (ponto) e multiplicar por (1) (fator de simetria) é encontrar o próprio número (ponto), como podemos ver na figura 85.

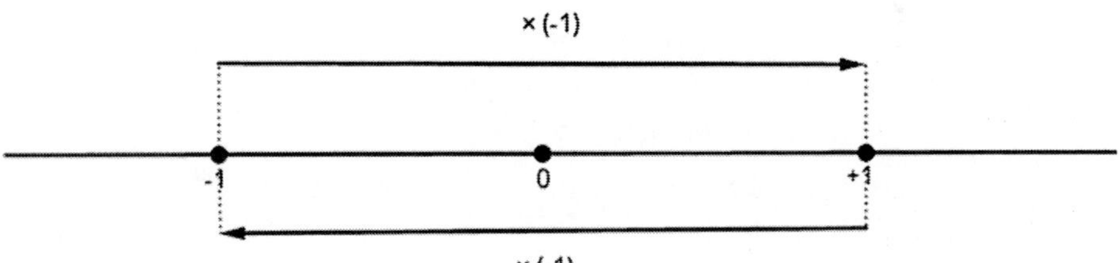

Figura 85: Experimento Mental[191]

Devemos diferenciar o que é objeto e o que é o fator de simetria, seguindo a dinâmica $\mathbf{(objeto) \times (fator) = objeto.}$

$$(-1)(objeto)\ \times\ (+1)fator\ =\ -1(objeto)$$

---

[190] Imagem produzida pelo próprio autor.

[191] Ibid.

$$(-1)(objeto) \times (-1)fator = +1(objeto)$$

Percebemos que as multiplicações

$$(+1) \times (-1) \; e \; (-1) \times (+1)$$

geram o mesmo objeto, ou seja,

$$(+1) \times (-1) = (-1) \times (+1)$$

e que

$$(-1) \times (-1) = +1$$

sendo que esta última mostra claramente que o objeto +1 é o simétrico do objeto (-1).

Revelação: Um olhar crítico mais atento vai identificar que a igualdade

$$(+1) \times (-1) = (-1) \times (+1)$$

só é possível porque elas geram o mesmo objeto, como percebemos anteriormente. No entanto, um olhar mais atento vai nos indicar que essas multiplicações não são iguais, pois na primeira $(+1) \times (-1)$, o objeto considerado é 1 e o fator de simetria -1, já na segunda $(-1) \times (+1)$, o objeto é -1 e o fator de simetria 1. Acreditamos que esta discussão é bastante interessante e produtiva numa sala de aula de Matemática.

Comparação: Como podemos pensar no resultado da multiplicação do número -4 pelo número -2?

Vamos inicialmente representar a multiplicação $(-4) \times (-2)$ por:

$(-4) \times (-2) = (-4) \times (-1) \times (2) = [(-4) \times (-1)] \times (2)$.

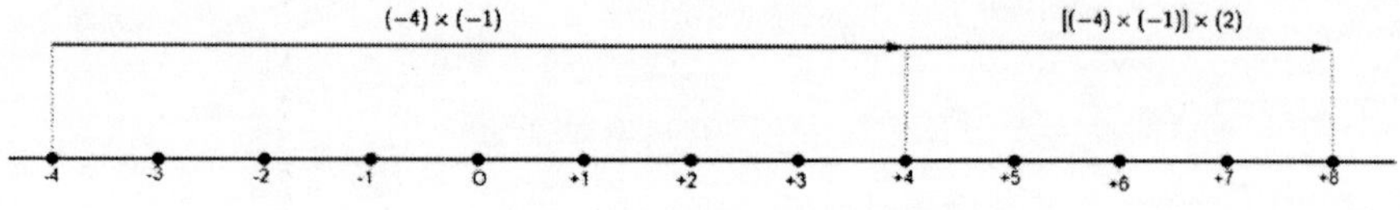

Figura 86: Multiplicação de -4 por -2[192]

[192] Ibid.

Neste caso, aplicamos a simetria na multiplicação $(-4) \times (-1)$, seguida de uma translação na mesma direção e sentido indicados pelo caminho da simetria e fator igual a 2, como pode ser analisado na figura 86. Portanto, $(-4) \times (-2) = +8$

Um último exemplo é multiplicar (+3) por (-2). Vamos desenvolver o Experimento Mental (figura 87) para descobrir o resultado.

Escrevendo $(+3) \times (-2) = (+3) \times (-1) \times (2)$.

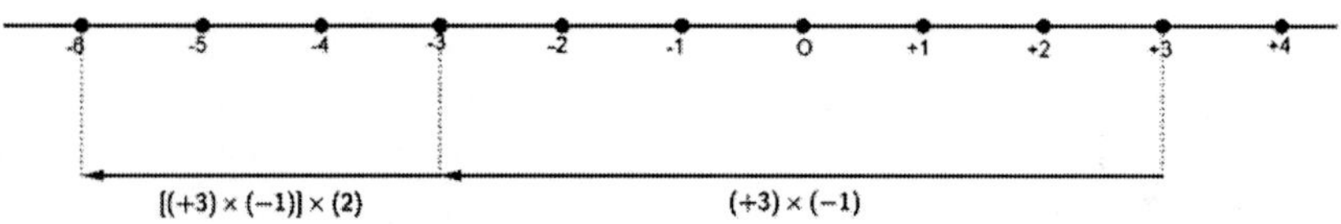

Figura 87: Multiplicando +3 por - 2[193]

Logo, $(+3) \times (-2) = -6$.

Sugerimos que o leitor faça outros Experimentos, encontrando e registrando outros resultados por esse processo que apresentou mais um elemento no seu desenvolvimento, que é a translação.

3.15. O problema de Sam

Este problema foi baseado no trabalho de Martim A. Simon[194] (1994), intitulado, *"Beyond Inductive and Deductive Reasoning*: - *The Search for a Sense of Knowing*" desenvolvido em salas de aulas nos Estados Unidos. A proposta é descrever o que Simon denomina de "*Transformational reasoning*" (raciocínio transformacional) como um Experimento Mental.

Problema: O triângulo ABC tem um ângulo reto no vértice B. I é um ponto no lado AB situado entre A e B. Como a soma das medidas dos segmentos AB e BC (AB+BC) pode ser comparada com a soma das medidas dos segmentos AI e IC (AI+IC)?

---

[193] Ibid.

[194] Simon, M. A. B. (1994). *Inductive and Deductive Reasoning: The Search for a Sense of Knowing*. New Orleans: American Educational Research Association.

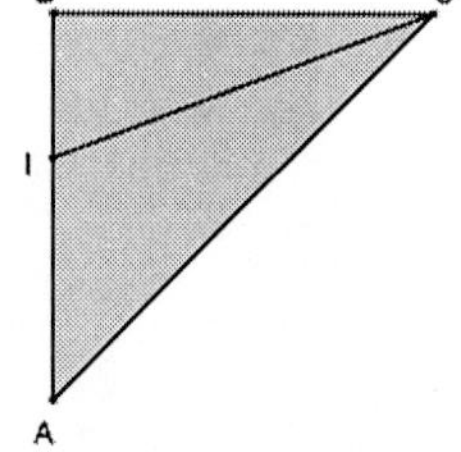

Figura 88: O pensamento abdutivo de Sam[195]

A figura 88 é uma representação geométrica do problema. Uma prova dedutiva formal pode ser gerada para este problema, no entanto, optamos por analisar o Experimento Mental de um aluno do décimo ano de escolaridade de uma escola dos Estados Unidos, equivalente ao segundo ano do Ensino Médio no Brasil. Vamos organizar esse pensamento pelas características dos Experimentos Mentais.

Forma: O aluno Sam supôs que o ponto A é a casa dele, o ponto C é a escola (figura 89).

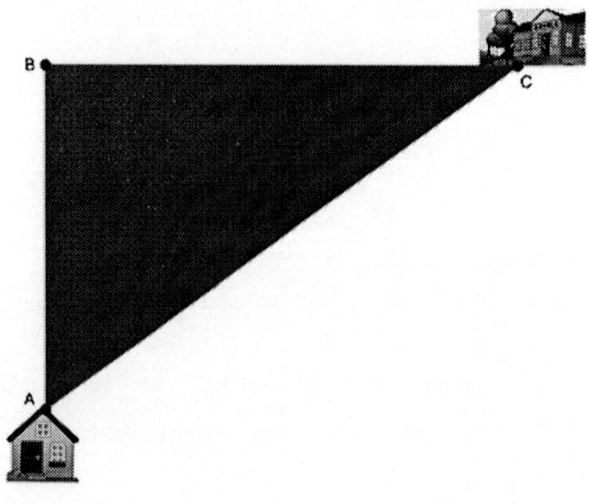

Figura 89: Hipótese de Sam[196]

---

[195] Cruz, 2019, p. 15.

[196] Imagem produzida pelo próprio autor.

Estrutura: Ele trouxe uma ideia nova ao problema, afirmando que dentro do triângulo ABC há uma área arborizada. E que ele, normalmente, anda da casa dele (A) até a esquina (B), vira à direita, caminhando até a escola (C). Mas que há um atalho pelo bosque no ponto (I).

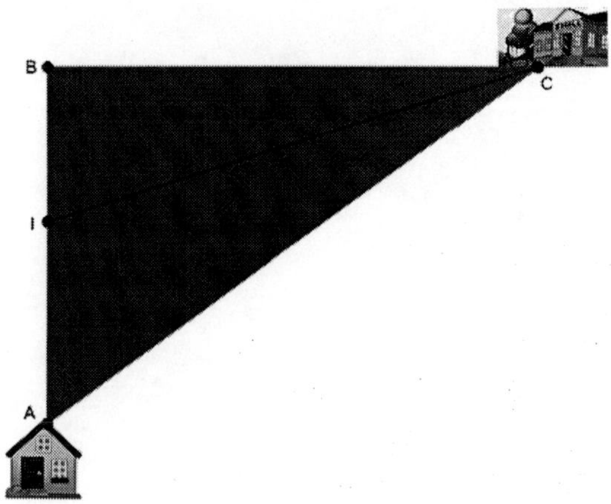

Figura 90: O processo abdutivo de Sam[197]

Normalmente o que ele faz é o caminho indicado por AB + BC. Mas há um atalho, IC, como percebido na figura 90.

Compreensão e Dependência: Começa o processo dedutivo de Sam pelas condições que ele trouxe ao problema, dizendo que às vezes, enquanto ele está subindo o quarteirão, corta o bosque no ponto I. Ele afirma que sabe quando está cortando o bosque, o caminho é mais curto.

Ou seja, $AB + BC = AI + IB + BC$. Como $IC < IB + BC$, pois o atalho está em linha reta com a escola, a partir do ponto I, então $AI + IC < AB + BC$.

Revelação e comparação: Ele afirmou que também sabe que quando ele corta o bosque, o caminho é mais curto e quanto mais cedo isto acontecer, ou seja, mais perto do A ele cortar o bosque, mais curto ele terá que andar.

Esta afirmação é bem interessante, pois ele está justificando que o quanto mais reto andar, de sua posição inicial, na direção de C, mais curto o caminho vai ficar. Na verdade, Sam elaborou um teorema mais complexo e

---

[197] Ibid.

mais abrangente do que o que foi dado no problema inicial, como pode ser visto na figura 91.

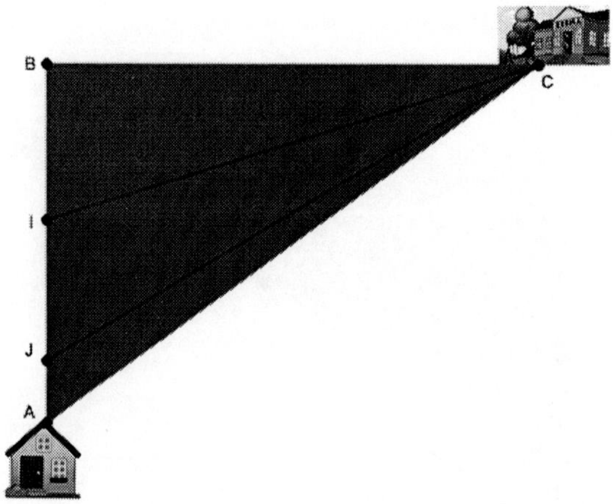

Figura 91: Novas ideias de Sam[198]

Este experimento dá base para discussão da relação de existência de um triângulo por meio das medidas de seus lados. Isto é, em um triângulo a medida de um lado é sempre menor do que a soma das medidas dos outros dois lados. Esta é a famosa desigualdade triangular. O problema pode ser uma ponte para o desenvolvimento desse conhecimento. Fica a cargo do leitor fazer esta transposição de ideias.

[198] Ibid.

Capítulo 4
CONSIDERAÇÕES

Por que considerar o estudo da semiótica? A figura de René Magritte que inspirou Foucault a escrever o livro *"Isto não é um cachimbo"* [199] pode ser tomada como parte da nossa resposta.

Figura 92: Isto não é um cachimbo[200]

A imagem do cachimbo não é o objeto cachimbo, mas uma forma de representá-lo. Mas o desenho representando um objeto, não pode ser ele próprio o objeto? Qualquer imagem não representa o objeto em todas as suas especificidades e por isto estudar semiótica é importante para nós. Ter a compreensão desta diferença entre a representação e o objeto representado é fundamental para Matemática, pois nesta ciência, utilizamos símbolos o tempo todo e um símbolo sem consistência é só confusão.

Por que estudar a epistemologia? Há um exemplo bem interessante de um diálogo familiar que pode nos ajudar a responder essa pergunta. A mãe coloca 2 ovos numa cesta e pergunta a filha "quantos ovos estão aqui?" 2! Responde a filha. A mãe coloca mais 2 ovos na cesta e de novo pergunta: quantos ovos estão aqui na cesta agora? A filha responde: 4, pois 2+2=4! O

---

[199] Foucault, M. (2014). *Isto não é um cachimbo.* Trad. Jorge Coli. 6ª ed. São Paulo: Paz e Terra.

pai, um matemático puro, ouvindo esta conversa, pede que a filha imagine 1 animal numa jaula e pergunta a filha: quantos animais estão na jaula? 1! Respondeu a filha. Na sequência, ele pede para filha imaginar-se colocando mais 1 animal dentro da jaula e de novo ele pergunta: quantos animais estão na jaula agora? A filha responde: não sei! O pai então indaga: como não sabe? A filha explica para o pai que a resposta depende dos tipos de animais que foram colocados na jaula! Então a resposta poderia ser: 2 ou 1 ou nenhum! O pai responde: eu sou um teórico e a teoria tem sua vida própria como uma obra de arte ou uma máquina! E ainda acrescenta: não estou interessado na aplicação das teorias!

Mas é no problema da aplicação que está a base de toda teoria em qualquer área e isto é um problema nos fundamentos da lógica, um problema que só a epistemologia pode resolver! Bertrand Russell chamava de **o problema dos tipos lógicos**![201]

Mas e a vida das teorias? Temos de primeiro criar a vaca antes de tirar leite dela! (disse o teórico). Mas o que mostra a teoria? Mostra a realidade das ideias! E qual realidade é essa? A realidade que coloca a nossa mente como um produto das ideias! Ou pelo menos quase (pois interferem outras atividades e experiências também). Em suma, o diálogo entre o pai e a filha mostra que ela desenvolveu um tipo de Experimento Mental pensando nos objetos (animais considerados) e não desfez deste pensamento ao dar sua resposta, mostrando a complementaridade entre sentido e referência.

Chegamos a uma conclusão importante, entendendo que os Experimentos Mentais têm a função de buscar explicações para certos conceitos, atividades e/ou problemas em matemática. Começa por assumir a importância da intuição na matemática. Muitos consideram a matemática como uma teoria axiomática e que não tem espaço para a intuição. Mas a verdade de uma proposição está na referência, isto é, nos objetos considerados de uma teoria. Sistemas axiomáticos não deixam claro quais são os objetos da Matemática.

Entendemos que numa teoria axiomática, os sentidos dos axiomas são o conjunto de todas as conclusões formais que podem ser tiradas com base neste sistema de axiomas, ou seja, é tudo que uma prova formal poderia alcançar tomando como base esses axiomas.

---

[201] Encontramos uma referência bastante importante em: Otte, M. F. (1993). *O formal, o social e o subjetivo: uma introdução à filosofia e à didática da matemática*. São Paulo: Editora da Universidade Estadual Paulista.

Mas, para o nosso entendimento, os Experimentos Mentais são importantes para o desenvolvimento do conhecimento Matemático e para cognição. Ao considerá-los, admitimos a existência de objetos na matemática aos quais temos acesso somente por meio de representações diagramáticas e constituímos conhecimentos pelas experiências que fazemos nessas representações.

Kant sintetiza, no prefácio da 3ª edição da Crítica da Razão Pura, que:

> Até hoje se assumiu que todo conhecimento teria de regular-se pelos objetos; mas todas as tentativas de descobrir algo sobre eles a priori, por meio de conhecimentos, para assim alargar nosso conhecimento, fracassaram sob essa pressuposição. É preciso verificar pelo menos uma vez, portanto, se não nos sairemos melhor, nas tarefas da metafísica, assumindo que os objetos têm de regular-se por nosso conhecimento, o que já se coaduna melhor com a possibilidade, aí visada, de um conhecimento *a priori* dos mesmos, capaz de estabelecer algo sobre os objetos antes que nos sejam dados. Isto guarda semelhança com os primeiros pensamentos de Copérnico que, não conseguia avançar muito na explicação dos movimentos celestes sob a suposição de que toda a multidão de estrelas giraria em torno do espectador, verificou se não daria certo fazer girar o espectador e deixar as estrelas em repouso. Pode-se agora na metafísica, tentar algo similar no que diz respeito à intuição dos objetos. Se a intuição tivesse de regular-se pela constituição dos objetos, eu não vejo como se poderia saber algo sobre ela *a priori*, no entanto, o objeto (Gegenstande) (como objeto (object) dos sentidos) regular-se pela constituição da nossa faculdade intuitiva, então eu posso perfeitamente me representar essa possibilidade[202]

É o próprio sujeito que cria os objetos e refere-se a eles por meio de representações. A subjetividade se torna a condição de possibilitar o conhecimento. Esta aceitação de que na matemática há objetos, vem de um platonismo cognitivo no qual mostra que o objeto é determinado pelo sujeito e não ao contrário.

---

[202] Kant, 2013, p. 29; 30.

REFERÊNCIAS

Abbagnano, N. (2007). *Dicionário de Filosofia.* 5ª ed. São Paulo: Martins Fontes.

Bendegem, J. P. V. (2003). *Thought experiments in mathematics*: anything but proof. Philosophical, *p. 9 – 33.*

Brasil (1996). *Lei de Diretrizes e Bases da Educação Nacional.* Lei nº 9.394/1996, de 20 de dezembro de 1996, que estabelece as diretrizes e bases da educação nacional. 2016. Disponível em: http://www.planalto.gov.br/ccivil_03/leis/L9394.htm. Acesso em: 29 de outubro de 2021.

Brasil. (2017). *Lei nº 13.415/2017, de 13 de fevereiro de 2017*, Altera as Leis nos 9.394, de 20 de dezembro de 1996, que estabelece as diretrizes e bases da educação nacional, e 11.494, de 20 de junho 2007, que regulamenta o Fundo de Manutenção e Desenvolvimento da Educação Básica e de Valorização dos Profissionais da Educação, a Consolidação das Leis do Trabalho - CLT, aprovada pelo Decreto-Lei no 5.452, de 1o de maio de 1943, e o Decreto-Lei no 236, de 28 de fevereiro de 1967; revoga a Lei no 11.161, de 5 de agosto de 2005; e institui a Política de Fomento à Implementação de Escolas de Ensino Médio em Tempo Integral. 2017. Disponível em: < http://www.planalto.gov.br/ccivil_03/_ato2015-2018/2017/lei/L13415.htm>. Acesso em: 29 outubro de 2021.

Brown, J. R. (2005). *The Laboratory of the mind: Thought experiments in the natural sciences.* This edition published in the Taylor & Francis e-Library.

Brown, J. R. (2008). *Philosophy of Mathematics: An introduction to the world of proof and pictures.* 2. Ed. This edition published in the Taylor & Francis e-Library.

Cassirer, E. (1994). *Ensaio sobre o homem: introdução a uma filosofia da cultura humana.* 4ª ed. Trad. Tomás Rosa Bueno. São Paulo: Martins Fontes.

Courant, R. Robbins, H. (200). *O que é matemática? Uma abordagem elementar de métodos e conceitos.* Rio de Janeiro: Editora Ciência Moderna Ltda.

Cruz, W. J. (2018a**).** *Experimentos Mentais na Educação Matemática: uma analogia com provas matemáticas formais.* Curitiba: Editora Aprris.

Cruz, W. J. (2018b). *A Hipótese dos Experimentos Mentais na Construção de Conceitos em Matemática*. São Paulo: JIEEM v.11, n.2, p. 104-110.

Cruz, W. J. (2019). *O raciocínio diagramático e os experimentos mentais numa perspectiva semiótica*. Brasília: Educação Matemática em Revista, v. 24, n. 62, p. 6-28.

Cruz, W. J. (2020). *Matemática é criação ou descoberta? A importância dos Experimentos Mentais*. Union: Revista Iberoamericana de Educação Matemática.

Cruz, W. J. (2021a). O uso dos experimentos mentais como possível metodologia de ensino da matemática: um olhar epistemológico. Florianópolis. *Revista Eletrônica de Educação Matemática – REVEMAT* v.16 p. 01 – 26.

Cruz, W. J. (2021b). ¿Qué es √ (-1)? *UNIÓN - Revista Iberoamericana de Educación Matemática*, *17*(62). Recuperado a partir de https://union.fespm.es/index.php/UNION/article/view/261

Cruz, W. J. *Retângulo que não é Retângulo? A Aplicação dos Experimentos Mentais no Quadrilátero de Saccheri*. Rio Grande do Sul: Revista Internacional de Pesquisa em Educação Matemática – RIPEM – Aceito para publicação em 20/03/2022.

D'Ambrosio, U. (2008). *Educação Matemática: Da teoria à prática*. 16ª edição. Campinas, SP: Papirus, 2008.

D'Amore, B. (2015). *Primeiros elementos da semiótica: sua presença e sua importância no processo de ensino-aprendizagem da matemática*. São Paulo: Editora Livraria da Física.

Euclides (2009). *Os Elementos*. Tradução: BICUDO, I. Rio Claro: UNESP.

Eves, H. (2011). *Introdução à história da matemática*. Tradução Hygino H. Domingues. 5a ed. – Campinas, sp: Editora da Unicamp.

Fabbrichesi, R. (2013). *O pensamento icônico e diagramático na obra de Peirce*. In: A lógica de diagramas de Charles Sanders Peirce: implicações em ciência cognitiva lógica e semiótica. Org: Queiroz, J., Moraes, L. Juiz de Fora: Editora da UFJF.

Foucault, M. (2014). *Isto não é um cachimbo*. Trad. Jorge Coli. 6ª ed. São Paulo: Paz e Terra.

Freire, P. (2019). *Pedagogia da autonomia: saberes necessários à prática educativa.* 59ª ed. Rio de Janeiro: Paz e Terra.

Hersh, R. (1997). *What is Mathematics really*? Oxford University Press, Inc.

Hilbert, D. (2003). *Fundamentos da Geometria.* Lisboa: Gradiva.

Hoffmann, H. G. M. (2006). *Seeing problems, seeing solutions. Abduction and diagrammatic reasoning in a theory of scientific discovery.* Georgia Institute of Technology : School of Public Policy.

Kant, I. (2013). *Crítica à razão pura.* Tradução e notas Fernando Costa Mattos 3ªed. Petrópolis, RJ: Vozes; Bragança Paulista SP: Editora Universitária São Francisco.

Kuhn, T. S. (2011). *A tensão essencial.* São Paulo: Editora UNESP, 257 – 282 pp.

Leithold, L. (1994). *O cálculo com Geometria Analítica.* 3ª ed. São Paulo – SP: Editora Harbra LTDA.

Manfredi, S. M. (1993). *Metodologia de Ensino-diferentes concepções (versão preliminar).* Campinas: F.E./UNICAMP.

Monteiro, L. C. S. (2021). *Complementaridade na circularidade das representações: uma abordagem semiótica para a criatividade em matemática.* In: Educação Matemática e pesquisa (livro eletrônico): perspectivas e tendências: vol. 2. Guarujá, SP: Científica Digital.

Mueller, I. (1969). *Euclid's Elements and the Axiomatic Method.* Brit. F. Phil. Sci. 20 (1969), Printed in Great Britain, 289-309 pp.

Mueller, I. (1981). *Philosophy of mathematics and deductive structure in Euclid`s Elements.* Cambridge, Mass: MIT Press.

Otte, M. F. (1993). *O formal, o social e o subjetivo: uma introdução à filosofia e à didática da matemática.* São Paulo: Editora da Universidade Estadual Paulista.

Otte, M. F. (2001). *Mathematical Epistemology from a Peircean Semiotic Point of View.* Paper presented at PME in Utrecht.

Otte, M. F. (2003). *Análise de prova e o desenvolvimento do pensamento geométrico. São* Paulo: Educação Matemática Pesquisa: Revista do Programa de Estudos Pós-graduados em Educação Matemática, n.1, pp. 13 – 55.

Otte, M. F. (2012). *A realidade das Ideias: Uma perspectiva epistemológica para a Educação Matemática*. Cuiabá: EDUFMT.

Otte, M. F., Mendonça, T. M., Gonzaga, L., & de Barros, L. (2015). *Generalizing is necessary or even unavoidable*. PNA, 9(3), 143-164.

Otte, M. F., Mendonça, T. M., Gonzaga, L., & de Barros, L. (2015). *Generalizing is necessary or even unavoidable*. PNA, 9(3), 143-164.

Otte, M., Barros, L. G. X. (2013). *A=B uma visão Peirceana*. In: A lógica de diagramas de Charles Sanders Peirce: implicações em ciência cognitiva lógica e semiótica. Org: Queiroz, J., Moraes, L. Juiz de Fora: Editora da UFJF.

Papert. S. (1980). *Mindstorms: children, computers and powerful idea*. Massachusetts: Cambridge.

Peirce, C. S. (1931 - 1958). CP = *Collected Papers of Charles Sanders Peirce, Volumes I-VI, ed. by Charles Hartshorne and Paul Weiß*, Cambridge, Mass. (Harvard UP) 1931-1935, Volumes VII-VIII, ed. by Arthur W. Burks, Cambridge, Mass. (Harvard UP) 1958 (quoted by no. of volume and paragraph) .NEM = New Elements of Mathematics. Harvard U.P.

Peirce, C. S. (CP). (2010). *Semiótica*. Trad. Jose Teixeira Coelho Neto. 4ª ed. São Paulo: Perspectiva.

Pires, M. F. C. (1997). *O materialismo histórico-dialético e a Educação. Interface - Comunicação, Saúde, Educação [online]*. v. 1, n. 1 [Acessado 30/01/ 2022], pp. 83-94. Disponível em: <https://doi.org/10.1590/S1414-32831997000200006>. Epub 04 Ago 2009. ISSN 1807-5762. https://doi.org/10.1590/S1414-32831997000200006.

Santaella, L. (2005). *Semiótica aplicada*. São Paulo: Pioneira Thomson Learning.

Santaella, L. (2019). *A concepção ampliada da mente segundo C. S. Peirce*. São Paulo: Cognitio, v. 20, n. 2, p. 392-403.

Scheffler, I. (1974). *A linguagem da educação*; trad. de Balthazar Barbosa Filho. São Paulo, Saraiva, Ed. da Universidade de São Paulo.

Sérates, J. (1998). *Raciocínio Lógico: lógico matemático, lógico quantitativo, lógico numérico, lógico analítico, lógico crítico*. 7ª edição. Brasilia: Editora JONOFON Ltda.

Short, T. L. (2007). *Peirce's Theory of Signs*. Published in the United States of America by Cambridge University Press, New York

Silva, M. R. *A Evolução do Pensamento Científico*. São Paulo: Hucitec, 1972.

Simon, M. A. B. (1994). *Inductive and Deductive Reasoning: The Search for a Sense of Knowing*. New Orleans: American Educational Research Association.

Steiner, M. (1978). *Mathematical Explanation*. Philosophical Studies, 34. Valery (no year). Leonardo, Insel Verlag Frankfurt, p. 135 – 151.

Stjernfelt, F. (2013). *Diagramas: Foco para uma epistemologia peirceana*. In: A lógica de diagramas de Charles Sanders Peirce: implicações em ciência cognitiva lógica e semiótica. Org: Queiroz, J., Moraes, L. Juiz de Fora: Editora da UFJF.

APÊNDICE 1: O ARGUMENTO DE EULER

A prova do argumento de Euler é um Experimento Mental? Bendegem indica que sim, pois buscamos uma teoria que nos permite provar esse fato. Este argumento mostra que

$$\frac{\pi^2}{6}=\sum_{n=1}^{\infty}\frac{1}{n^2}.$$

Para mostrar a verdade de tal argumento, tem-se que trazer outros elementos como função seno, a série de Maclaurin e o estudo de polinômios. Este conjunto de ideias que não estava nos dados iniciais do argumento, o qualifica, na visão de Bendegem, como um tipo de Experimento Mental.

Este experimento em especial, Bendegem[202] o denomina como prova informal, isto é, um experimento que se aproxima muito de uma prova formal, mas que há do ponto de vista formal, nas palavras desse mesmo autor, defeitos. Talvez o defeito percebido por Bendegem seja assumir esta linha de raciocínio para polinômios de graus infinitos.

Vamos à prova.

Considere de início a série de Maclaurin da função seno

$senx = x-\frac{x^3}{3!}+\frac{x^5}{5!}-\frac{x^7}{7!}+\cdots$ (1)

Na sequência, vamos dividir os dois membros da igualdade (1) por x, considerando $x\neq 0$, encontrando a igualdade (2).

$\frac{senx}{x}=1-\frac{x^2}{3!}+\frac{x^4}{5!}-\frac{x^6}{7!}+\cdots$ (2)

Por uma questão de conveniência, substituiremos x por $\sqrt{x}$, chegando na igualdade (3).

$\frac{sen\sqrt{x}}{\sqrt{x}}=1-\frac{x}{3!}+\frac{x^2}{5!}-\frac{x^3}{7!}+\cdots$ (3)

Considere a função $f\colon R_+^*\to R$ definida pela relação (4)

$f(x)=\frac{sen\sqrt{x}}{\sqrt{x}}$ (4)

Os zeros da função (4) são os valores:

---

202 Ver: Bendegem, 2003, p. 16 – 17.

$\pi^2, 4\pi^2, 9\pi^2, 16\pi^2, \ldots$ (5)

Sejam dadas as raízes $r_1, r_2, r_3, \ldots, r_n$ do polinômio $p(n) = x^n + a_{n-1}x^{n-1} + \cdots + a_2x^2 + a_1x + a_0$. Na época de Euler, já se conhecia que tal polinômio poderia ser fatorado como uma multiplicação envolvendo suas raízes, isto é:

$(x - r_1) \cdot (x - r_2) \cdot \ldots \cdot (x - r_n) = x^n + a_{n-1}x^{n-1} + \cdots + a_2x^2 + a_1x + a_0$ (6)

Utilizando as relações de Girard, chegamos à conclusão que

$a_0 = (-1)^n r_1 r_2 \ldots rn$ (7)

e

$a_1 = (-1)^{n-1} r_2 r_3 \ldots r_n + (-1)^{n-1} r_1 r_3 \ldots r_n + \cdots + (-1)^{n-1} r_1 r_2 \ldots r_{n-1}$ (8)

Dividindo (8) por (7), chegamos ao resultado representado em (9)

$\frac{a_1}{a_0} = -\frac{1}{r_1} - \frac{1}{r_2} - \cdots - \frac{1}{r_n}$ (9)

ou ainda, multiplicando (9) por (-1) em ambos os membros, escrevemos:

$-\frac{a_1}{a_0} = \frac{1}{r_1} + \frac{1}{r_2} + \cdots + \frac{1}{r_n}$ (10)

Assumindo que esta propriedade (10) seja válida para séries de potências e aplicando à função (4), chegamos à seguinte conclusão.

$f(x) = \frac{sen\sqrt{x}}{\sqrt{x}} = 1 - \frac{x}{3!} + \frac{x^2}{5!} - \frac{x^3}{7!} + \cdots$

Como $a_0 = 1$ e $a_1 = -\frac{1}{3!}$, temos que

$-\frac{\left(-\frac{1}{3!}\right)}{1} = \frac{1}{\pi^2} + \frac{1}{4\pi^2} + \frac{1}{9\pi^2} + \frac{1}{16\pi^2} + \cdots$ (11)

$\frac{1}{6} = \frac{1}{\pi^2} + \frac{1}{4\pi^2} + \frac{1}{9\pi^2} + \frac{1}{16\pi^2} + \cdots$ (12)

Multiplicando membro a membro de (12) por π^2 temos:

$$\frac{\pi^2}{6} = 1 + \frac{1}{4} + \frac{1}{9} + \frac{1}{16} + \cdots$$

$$\frac{\pi^2}{6} = \sum_{n=1}^{\infty} \frac{1}{n^2}$$

Esta prova para o argumento de Euler apresenta um problema, pois nem sempre é possível ou válido utilizar propriedades de polinômios em séries de potências.

APÊNDICE 2: UMA APROXIMAÇÃO PARA $\sqrt{5}$

Forma: Suponha um segmento AB de medida $m = 1$[203] e um segmento BC de medida $n = 5m$, isto é, $n = 5$, numa reta, como na figura 93.

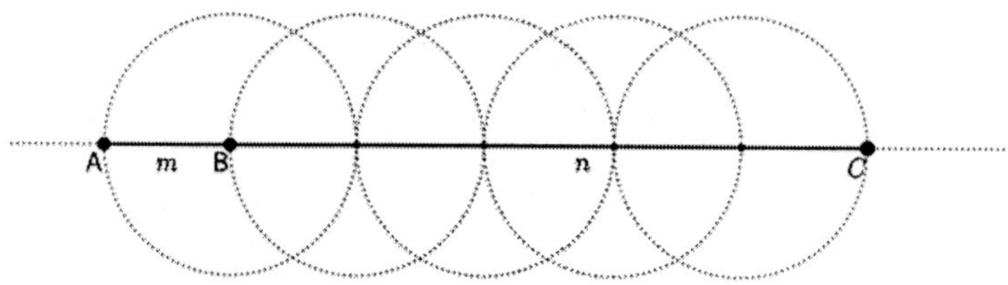

Figura 93: Segmento m e n[204]

Por hipótese, considere AC como diâmetro de uma semicircunferência, apresentada na figura 94.

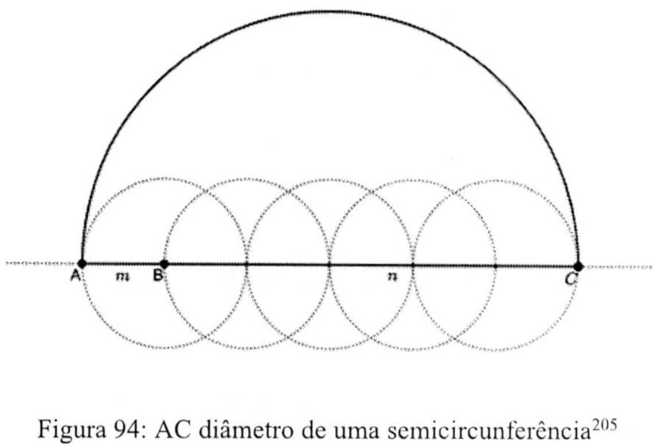

Figura 94: AC diâmetro de uma semicircunferência[205]

---

[203] Utilizaremos o Geogebra para ajudar no desenvolvimento do Experimento. Vamos também usar a macro segmento com comprimento fixo para $m = 1$. Este Experimento Mental pode ser feito também com régua e compasso.

[204] Imagem produzida pelo próprio autor.

Estrutura, Compreensão e Dependência: Por B, vamos subir uma perpendicular até tocar a semicircunferência (ver figura 95). Com este ponto de intersecção, vamos construir um triângulo retângulo de hipotenusa AC. BD é a altura desse triângulo relativa à hipotenusa. Essa mesma altura representa $\sqrt{m \cdot n}$, portanto, $\sqrt{5}$.

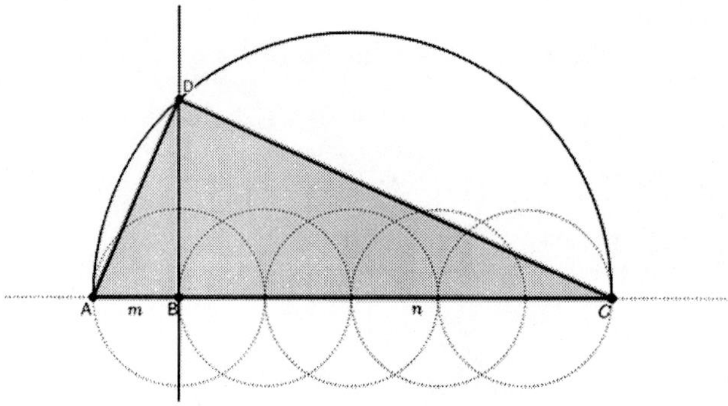

Figura 95: BD é a raiz de 5[206]

Revelação: Como queremos uma aproximação para $\sqrt{5}$, então o comprimento do segmento BD nos dará esse resultado, como na figura 96.

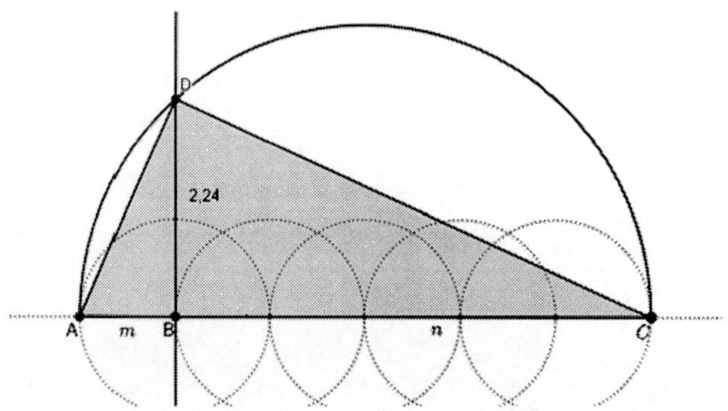

Figura 96: Medida de BD[207]

Isto quer dizer que $\sqrt{5} = 2{,}24$ (aproximadamente).

---

[205] Ibid.

[206] Ibid.

[207] Ibid.

APÊNDICE 3: CONSEQUÊNCIAS DO QUADRILÁTERO DE SACCHERI

Problema 1: Mostrar que no quadrilátero de Saccheri da figura 34 (reproduzida na figura 97), a medida do ângulo $B_1A_2B_2$ é maior do que ou igual à medida do ângulo $A_1B_1A_2$.

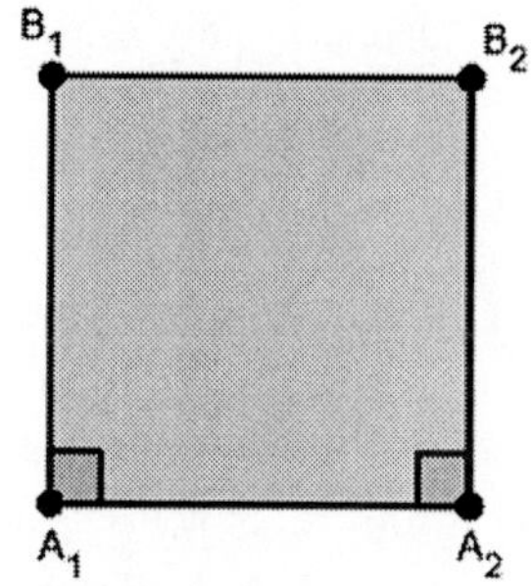

Figura 97: Uma representação particular do objeto geral[208]

Forma e Estrutura: Suponha o quadrilátero $A_1A_2B_1B_2$ com a diagonal A_2B_1 da figura 98.

[208] Ibid.

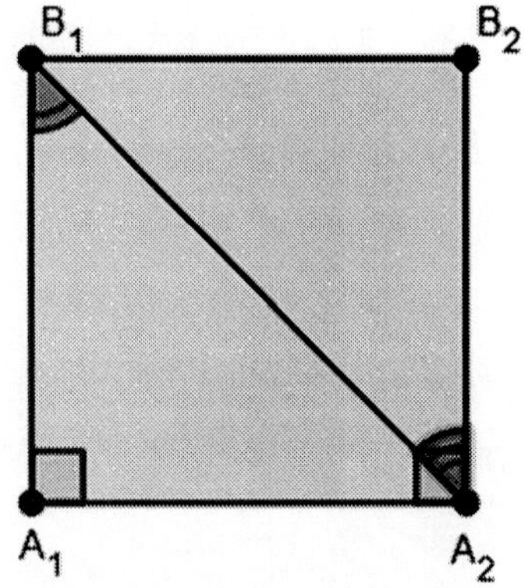

Figura 98: Dividindo em dois triângulos[209]

Compreensão, Dependência e Revelação: Essa diagonal divide o quadrilátero em dois triângulos, como pode ser visto na figura 98. Com base na proposição 25 do livro I dos Elementos de Euclides, a qual afirma que "caso dois triângulos tenham os dois lados iguais aos dois lados, cada um a cada um, mas tenham a base maior do que a base, também terão o ângulo maior do que o ângulo, o contido pelas retas iguais" [210] , vamos encontrar a relação entres os ângulos $B_1\widehat{A_2}B_2$ e $A_1\widehat{B_1}A_2$. Esta proposição de Euclides, numa linguagem mais atual, afirma que se em dois triângulos, dois lados forem iguais (mesma medida) e a base do primeiro triângulo, por exemplo, for maior do que a base do segundo triângulo, então o ângulo que subentende (correspondente) a base do primeiro será maior do que ângulo que subentende a base do segundo.

Portanto, os lados B_1B_2 e A_1A_2 subentendem respectivamente aos ângulos $B_1\widehat{A_2}B_2$ e $A_1\widehat{B_1}A_2$. Como consequência, se $B_1B_2 \geq A_1A_2$ então

$B_1\widehat{A_2}B_2 \geq A_1\widehat{B_1}A_2$.

Problema 2: Do problema 1, conclua que a soma das medidas dos ângulos agudos internos de um triângulo retângulo é menor do que ou igual a 90º.

Forma, Estrutura e Compreensão: Usando os índices a, b e c, vamos nomear os ângulos $A_1\widehat{B_1}A_2$, $A_1\widehat{A_2}B_1$ e $B_1\widehat{A_2}B_2$, respectivamente.

---

[209] Ibid.

[210] Euclides, 2009, p. 116-117.

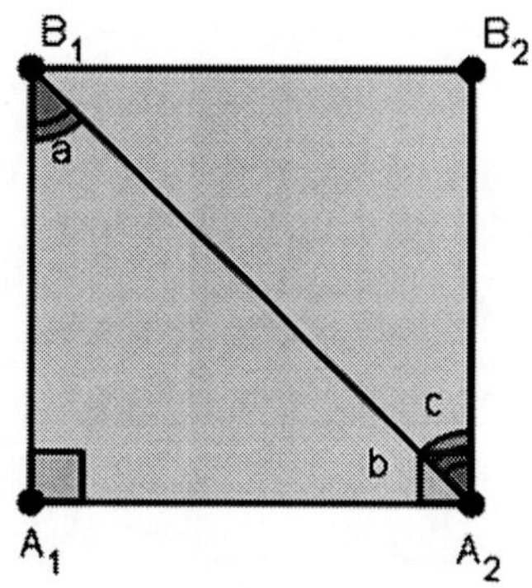

Figura 99: O triângulo retângulo[211]

Como $b + c = 90°$ e $a \leq c$, então $a + b \leq 90°$. O triângulo $A_1A_2B_1$ é retângulo e a e b seus dois ângulos agudos. Portanto, a soma desses dois ângulos agudos é menor do que ou igual a 90°. Esse mesmo triângulo representa todos os triângulos na mesma condição, portanto, podemos generalizar tal resultado.

Revelação e comparação: Se dividirmos um triângulo qualquer em dois triângulos retângulos temos que na geometria absoluta a soma das medidas dos ângulos internos de um triângulo é menor do que ou igual a 180°.

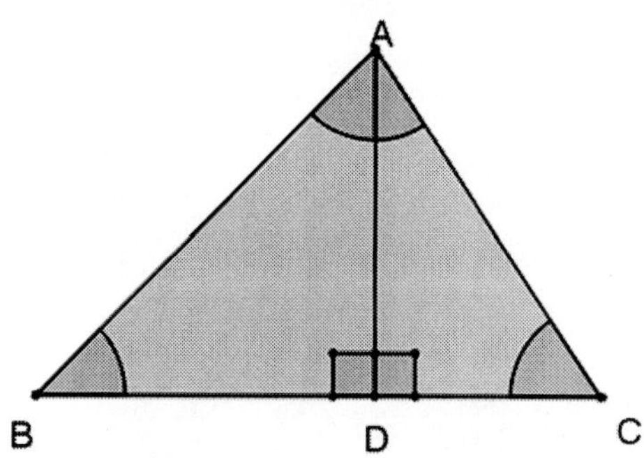

Figura 100: A soma dos ângulos internos de um triângulo qualquer[212]

[211]Imagem produzida pelo autor.

[212] Ibid.

APÊNDICE 4: EQUAÇÃO DA RETA

Encontrar a equação da reta que passa pelo ponto A (2,3) e faz ângulo de 45° com o eixo x.

Forma: Apresentamos a reta num sistema coordenado, passando pelo ponto (2,3) e fazendo ângulo de 45° com o eixo x, conforme figura 101. Nomearemos esta reta por r.

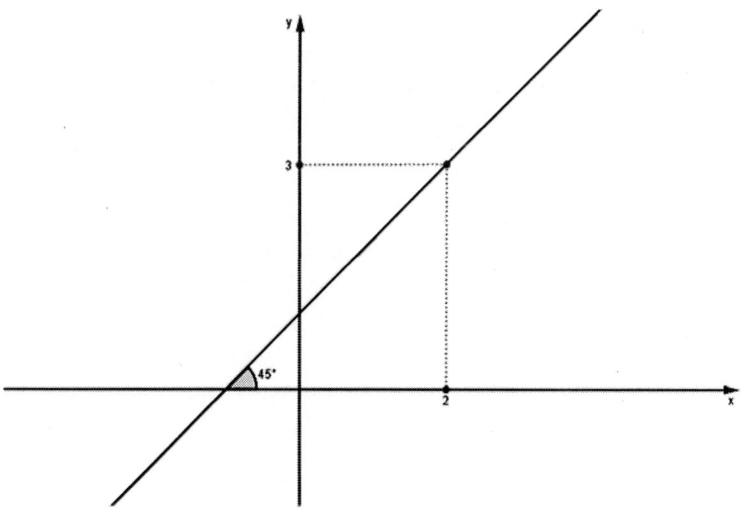

Figura 101: Reta passando pelo ponto (2,3)[213]

Forma e Estrutura: Suponha um ponto P de coordenadas (x, y). Vamos passar retas paralelas à r pelos pontos $(x, 0)$ e $(1,0)$ chegando ao diagrama da figura 102. Os pontos em que as retas paralelas vão cortar o eixo y serão indicados por $(0, ax)$ e $(0, a)$, respectivamente, com base no Teorema de Pascal.

---

[213] Ibid.

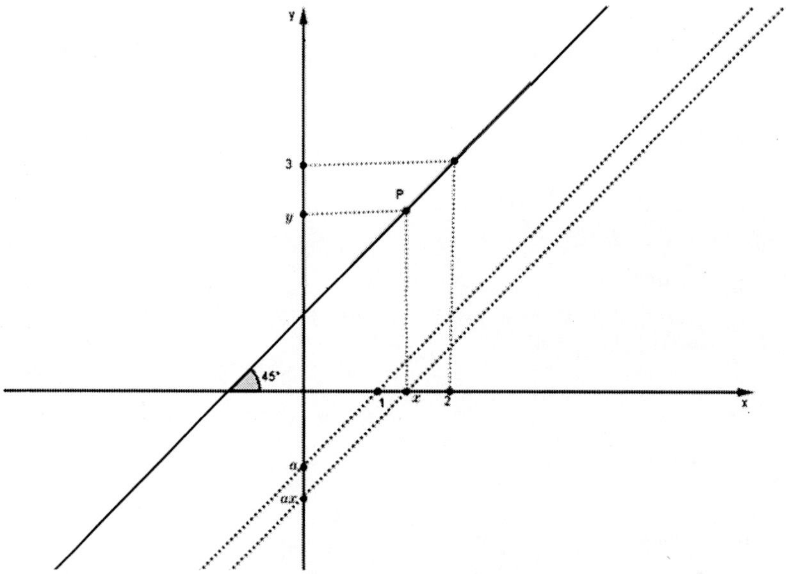

Figura 102: Paralelas à reta r[214]

Compreensão: A reta r toca o eixo y no ponto que indicaremos pelas coordenadas $(0, c)$. O nosso processo dedutivo nos leva a perceber que a nossa equação é do tipo $y = ax + c$. Percebemos ainda que há um triângulo retângulo na origem, com um ângulo de 45°. Este triângulo é isósceles, pois outro ângulo agudo dele só pode ser 45° também. Portanto, o ponto em que a reta r toca o eixo x é (-c, 0). Outra percepção é que no triângulo retângulo com vértice em P e em $(-c, 0)$, podemos escrever a seguinte relação: (ver figura 103).

$$tg45° = \frac{y}{c + x}$$

Como $tg45° = 1$, então $1 = \frac{y}{c+x}$.

Isto implica dizer que:

$$y = x + c$$

Substituindo o ponto (2,3) nesta relação, temos:

---

[214] Ibid.

$$3 = 2 + c$$

ou seja,

$$c = 1$$

Logo, a equação procurada é:

$$y = x + 1$$

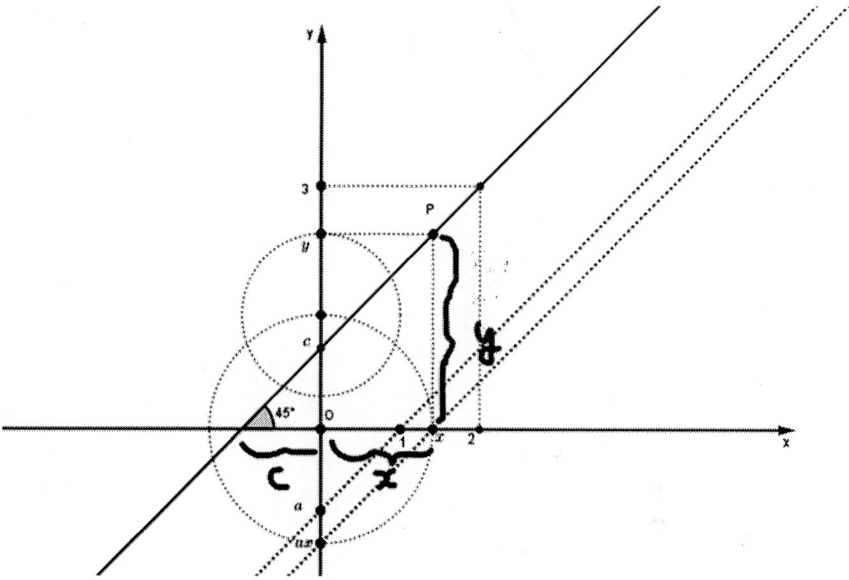

Figura 103: O processo dedutivo[215]

Revelação: A forma que chegamos $y = ax + c$ é a forma geral de equações de reta. Para o problema específico, verificamos que $a = c = 1$.

[215] Ibid.

Impressão e acabamento
Gráfica da Editora Ciência Moderna Ltda.
Tel: (21) 2201-6662